Combinatorial Algorithms for Batch Scheduling and Network Problems

批调度与网络问题的组合算法

▶ 李曙光　于立萍　宋英杰　张　斌◎著

人民邮电出版社

北　京

图书在版编目（ＣＩＰ）数据

批调度与网络问题的组合算法 / 李曙光等著. -- 北京：人民邮电出版社，2017.7
ISBN 978-7-115-45595-6

Ⅰ. ①批… Ⅱ. ①李… Ⅲ. ①调度程序 Ⅳ. ①TP315

中国版本图书馆CIP数据核字(2017)第098871号

内 容 提 要

本书以作者在算法设计领域的研究成果为基础，给出了求解批调度问题的一系列组合算法，以及求解网络优化问题的若干组合算法。主要研究了极小化加权完工时间和、最大延迟和最大完工时间 3 种调度目标函数，以及网络中的呼叫接纳、利润极大化和 t 区间的 k 染色问题等。

本书可作为从事调度理论、组合最优化、算法设计与应用科技人员的参考书。

◆ 著　　　　李曙光　于立萍　宋英杰　张　斌

责任编辑　邢建春

责任印制　彭志环

◆ 人民邮电出版社出版发行　　北京市丰台区成寿寺路 11 号
邮编　100164　　电子邮件　315@ptpress.com.cn
网址　http://www.ptpress.com.cn

◆ 开本：880×1230　1/32

印张：3.5　　　　　　　2017 年 7 月第 1 版

字数：95 千字　　　　　2017 年 7 月河北第 1 次印刷

定价：39.00 元

读者服务热线：(010) 81055488　印装质量热线：(010) 81055316
反盗版热线：(010) 81055315

前　言

优化是根据现状采取行动以获得最好（或最优）的结果。组合最优化研究的是可行解数目有限的离散优化问题。在复杂性理论的框架下，希望能在输入规模的多项式时间之内找到最优解。运行在多项式时间之内的算法称为有效算法。输出最优解的有效算法称为精确（或最优）算法。

当多项式时间精确算法很可能不存在时（所谓的 NP 难解问题），转而设计有效的近似算法以得到次优解。对于极小化问题，算法的近似比（性能比）定义为算法给出的解的目标值与最优值之间的最坏情形比。对于极大化问题，算法的近似比（性能比）定义为最优值与算法给出的解的目标值之间的最坏情形比。近似比为 ρ 的算法称为 ρ-近似算法。通常用近似比来衡量算法的性能：近似比越小，算法越好。

一族算法 $\{A_\epsilon\}$ 称为一个多项式时间近似方案（PTAS，Polynomial Time Approximation Scheme），如果对于每一个给定的正数 ϵ，算法 A_ϵ 是一个运行于输入规模的多项式时间之内的 $(1+\epsilon)$-近似算法。注意到 ϵ 是给定的，因此算法的运行时间可以以任意方式依赖于 $1/\epsilon$。如果运行时间也是 $1/\epsilon$ 的多项式，就得到了全多项式时间近似方案（FPTAS，Fully Polynomial Time Approximation Scheme）。对于 NP

难解问题和所谓的强 NP 难解问题来说，全多项式时间近似方案和多项式时间近似方案分别是目前所能得到的最好结果。

本书研究批调度和网络中的若干确定性优化问题，给出了有效的组合算法。确定性是指问题实例的所有参数均事先已知。研究的问题大多是 NP 难解的，所给出的算法大多是多项式时间的近似方案，其余的是精确算法或常数近似比算法。下面简略地描述所研究的问题，并给出主要结果和创新点。

第 1 章介绍了研究背景；第 2~5 章是第一部分，给出了若干批调度问题的组合算法；第 6~8 章是第二部分，给出了若干网络问题的组合算法。

一个典型的调度问题包含 n 个工件和 m 台机器。在满足一定的约束条件下，要将工件安排在机器上进行加工，目标是找到一个最优的安排。最优性是由依赖于问题的目标函数所定义的。本书研究分批调度问题。每台机器可以同时加工若干个工件，这些工件构成一个批次，这样的机器称为批机器。将工件分批加工是为了提高效率，分批加工比逐个加工更快或成本更低。

批调度问题有多种模式。本书研究如下的煅烧模式。给定 n 个工件和 m 台并行的同型批机器。每个工件有一个加工时间，描述了在任意一台机器上加工该工件所需要的最短时间。每个工件还有一个释放时间，在该时间之前不能开始加工这个工件。一个批次的加工时间是该批次所包含的所有工件的加工时间的最大者。一个批次的完工时间等于它的开工时间加上它的加工时间。同一批次中的所有工件有相同的开工时间，也有相同的完工时间，即该批次的完工时间。一个批次从开始加工到完工，不允许向内添加工件或向外移除工件。每个批次的加工都是连续进行的，即从开工到完工，没有其他批次可以在同一台机器上加工。煅烧模式起源于大规模集成电路生产过程中的煅烧操作调度问题。

煅烧模式分为两类。有界模式：每个批次最多可容纳的工件数目（批容量）B 小于工件的总数目 n，B 表示任一台机器能同时加工工件的最大数目。无界模式：每个批次可容纳的工件数目没有限制，即 $B \geqslant n$。无界模式的一个例子：在干燥炉中硬化一些化合物，干燥炉足够大，因此批容量没有限制。注意有界模式中 $B=1$ 的情形，就是经典的调度问题（每台机器在任一时间至多加工一个工件）。因此，有界模式的批调度问题，难度不低于经典的调度问题。

集中研究工件释放时间不相同的调度问题。这比所有工件同时到达的问题要难得多。研究 3 种调度目标：极小化加权完工时间和、极小化最大延迟、极小化最大完工时间。记工件 j 在一个调度中的完工时间为 C_j。

第 2 章和第 3 章分别研究极小化加权完工时间和的有界批机器和无界批机器并行调度的问题。每个工件 j 有正权 w_j，加权完工时间和，顾名思义，是 $\sum_j w_j C_j$。这两个问题都是 NP 难解的，并且前者是强 NP 难解的。在批调度的各种目标函数中，极小化加权完工时间和是最难解决的问题之一。对于这两个问题，这两章均分别给出多项式时间近似方案。有一点奇怪的是，在所得到的算法中，那些处理批调度问题的技巧用得并不多，反而更多地依赖于研究经典调度问题（$B=1$）所发展起来的技巧。

第 4 章主要研究极小化最大延迟的有界批机器并行调度问题。每个工件 j 最好能在它的交货期 d_j 之前完工。最大延迟定义为

$\max_j\{C_j - d_j\}$。由于最优值可能为负值，在这一章中，应用了最大延迟问题的等价形式——送货时间表述法。该方法为每个工件 j 设了一个送货时间 $q_j = \max_l d_l - d_j$，这样目标就变成极小化 $\max_j\{C_j + q_j\}$。这个问题是强 NP 难解的。该章给出了第一个多项式时间近似方案。所用技巧经过简单修改之后，就得到（NP 难解的）极小化最大延迟的并行机无界批调度问题的第一个多项式时间近似方案。当所有的 d_j 为 0 时，最大延迟就是最大完工时间 $\max_j C_j$。因此也得到了求解极小化最大完工时间的有界批机器和无界批机器并行调度问题的多项式时间近似方案。

第 5 章研究了工件具有不同尺寸的单机批调度问题，目标函数是极小化最大完工时间。每个工件 j 有一个尺寸 $s_j \in (0,1]$。批机器可以将若干个工件作为一批同时进行加工，只要这些工件的尺寸之和不超过 1。工件尺寸不同的调度问题是批调度问题的一般形式。显然，此时不必考虑无界模式。最大完工时间，正如上面所定义的，是调度中所有工件完工时间的最大者。对于这个问题，给出了 $(2+\epsilon)$-近似算法，ϵ 是任意小的正数。算法的运行时间是 $O(n\log n) + f(1/\epsilon)$，隐藏在 $O(n\log n)$ 中的常系数很小并且与 ϵ 无关。当所有工件同时到达并且加工时间相同时，这一问题就是经典的一维装箱问题。一维装箱问题是强 NP 难解的，近似比小于 3/2 的近似算法很可能是不存在的。

除了批调度问题，还研究通信网络中出现的优化问题。通信网络在社会经济生活中日显其重要性，因此关于网络设计与有效运营的优化问题受到了业界的普遍关注。除去大量的实际应用之外，网络问题也有很多有趣的方法论特性。作为一种流行的通信网络，环形网引起了很多人的兴趣，人们开始集中研究环形网。

在第 6 章，考虑环形网中的呼叫接纳控制问题。给定一个环（无向或有向）和一组通信请求。每个请求用一对顶点（无序或有序）表示，并且有一个利润。要在无向环中实现一个呼叫，需在环中指定该请求所对应的两个顶点之间的一条路。要在有向环中实现一个呼叫，需在环中指定该请求的源节点到目的节点的一条路。环（无向或有向）网络呼叫接纳控制问题的目标是确定最大利润的呼叫子集，在环中实现该子集中的每一个呼叫，使经过每一边（无向或有向）的呼叫的数目不超过该边的容量。对于无向和有向环形网呼叫接纳控制问题，均首次给出了多项式时间近似方案。

在第 7 章，研究多纤 WDM 网络中的利润极大化问题。要在多纤 WDM 网络中实现一组传输请求，为其中每一个请求安排一条路并分配一个波长，使任一链路上任一波长的使用次数不超过该链路上的光纤数。给定一个波长数目有限的多纤 WDM 网络和一组传输请求，利润极大化问题的目标是要确定利润最大的并且可以在网络中实现的那一部分传输请求。第 6 章所研究的呼叫接纳控制问题，是这一问题只有一个波长时的特例。对于链网，给出了多项式时间精确算法。环形网中的这一问题是 NP 难解的，即使所有传输请求的利润均为 1 时也是如此。给出了两个算法，近似比分别为 2 和 $1.582+\epsilon$，ϵ 是任意小的正数。对于环上各边光纤数目相同的均匀模式，给出了 1.582-近似算法。这些结果也适用于有向链网与环形网。注意在将多纤环形网中的 2-近似算法推广到有向多纤环形网时，要求某一链路上的两条有向边分别为顺时针和逆时针方向上容量最小的有向边。

最后，在第 8 章引入了圈上 t-区间的 k-染色问题。这一问题推广了 WDM 环形网中几个熟知的优化问题。圈代表环形网，颜色代表波长，t-区间代表客户请求。一个 t-区间，由圈上至多 t（$t \geqslant 1$）个区间构成，每个区间的两个端点都是圈上的顶点。要实现一个客户请求，需选择它所对应的 t-区间中的一个区间并为其安排一种颜色。在实现任意两个请求时，所选定的两个区间如果在圈上有公共边，则不能得到同一种颜色，否则会引起波长冲突。给定一个圈、k 种颜色和若干个请求（t-区间），问题的目标是实现最大数目的请求。我们给出了这一问题的一个 3.042-近似算法，顺便也得到了链网中 t-区间的 k-染色问题的一个 2.542-近似算法。

本书的写作得到了山东大学李国君教授的帮助与支持，出版得到了山东省高校智能信息处理重点实验室（山东工商学院）的资助，在此表示衷心的感谢！

本书可作为从事调度理论、组合最优化、算法设计与应用科技人员的参考书。

由于学术水平有限，书中难免有错误和疏漏之处，希望能得到各位学者的指正与帮助。有任何的问题需要讨论请联系 sgliytu@hotmail.com。

李曙光

2017 年 3 月

目　录

第1章

绪　论

1.1　背景知识

调度问题起源于有限资源的合理分配。目标是找到一个最优的分配方案，最优性是由依赖于问题的目标所定义的。在这样一个普遍的定义之下，自然地，调度是最优化的一个重要子领域。在经典调度理论中[1]，每台机器同一时间至多加工一个工件。近几十年来，批调度问题得到了相当多的研究。一台批机器（或称批加工机器，简称 BPM，Batch Processing Machine）能将若干个工件作为同一批次同时进行加工[1]。要了解批调度的研究进展，可参阅文献[2~4]。

Webster 等[5]区分了三类分批调度：一个批次的加工时间等于该批次中所有工件加工时间的最大者，称为煅烧模式（参阅文献[6]）；一个批次的加工时间等于该批次中所有工件的加工时间之和（参阅文献[7]）；一个批次的加工时间是一个常数，与该批次中所包含的工件无关（参阅文献[8]）。

煅烧模式起源于大规模集成电路生产过程中的煅烧操作调度

问题。集成电路生产的最后一个阶段是煅烧操作，即将芯片放在板子上然后放入烤箱烘烤。烘烤过程中出现问题的芯片就被淘汰。每个芯片有一个预定的煅烧时间，经受住这段时间烘烤的芯片被视作合格产品。芯片的煅烧时间与其类型和（或）客户的要求有关。由于芯片在烤箱中的停留时间可以大于其煅烧时间，因此可将不同的产品作为一批同时放入烤箱进行烘烤。这样，一个批次的加工时间就是该批次中所有产品煅烧时间的最大者。将烤箱视为批机器。煅烧操作调度问题，就是将所有的 n 个工件进行分批，然后在机器上安排加工，使某个目标函数最优。

研究了两类煅烧模式。（1）有界模式：每个批次最多可容纳的工件数目（即批容量（ B ））小于工件的总数目 n。（2）无界模式：每个批次可容纳的工件数目没有限制，即 $B \geqslant n$。无界模式的一个例子：在干燥炉中硬化一些化合物，干燥炉足够大，因此批容量没有限制。若无特别说明，本书提到批机器时，指的就是有界批机器。

集中研究工件释放时间不相同的调度问题，这比所有工件同时到达的问题要难得多。研究 3 种调度目标：极小化加权完工时间和、极小化最大延迟、极小化最大完工时间。要了解调度目标函数的定义，请参阅文献[9]。

除了批调度问题，本书还研究通信网络中出现的优化问题。通信网络在我们的社会经济生活中日显其重要性，因此，关于网络设计与有效运营的优化问题受到了学术界的普遍关注。除去大量的实际应用之外，网络问题也有很多有趣的方法论特性。

网络模型由两部分构成：边（有时称为弧）和顶点（或节点）。边是连接线，顶点是边的连接点。图 $G=(V,E)$ 是通过 E 中的边将 V 中的顶点互连所得到的结构，V 和 E 分别代表顶点集和边集。顶点代表处理器，边代表处理器之间的通信链路。有向图是指其中的弧有指定方向的图。弧没有指定方向的图称为无向图。网络是一个边赋权图（边上所赋的权有时称为容量），通常可分为有向网络和无向网络。

G 中一列连续的边称为路（链）。将路的两个端点粘合在一起，就得到了一个圈（环）。若对任意一对节点 $u,v \in V$，G 中有一条从 u 到 v 的路，则 G 是连通的。若 G 是连通的并且不含圈，则称为树。链、环、树是实际应用中基本的网络拓扑结构，很多其他的网络是这些网络结构的组合或者派生。

波分复用（WDM，Walength Division Multiplexing）有效利用了光网络所提供的巨大带宽，是目前广泛应用的技术。波分复用技术的基本原理是把一根光纤的带宽分成多个信道，每个信道分配一个不同的波长，以使不同信号能在同一光纤的不同信道上同时传输[10,11]。要实现一个传输请求，必须为该请求建立连接，即在网络中选择一条从源节点到目的节点的路并分配一个波长，然后光信号便沿着该路传输而无需改变波长，从而避免了光—电—光转换所带来的消耗和延迟[10]，这样的网络称为全光网络。为了避免波长冲突，一根光纤上不允许多个传输请求同时使用同一波长。在多纤网络中，经过同一链路的多个传输请求如果由不同的光纤携载，则允许同时使用同一波长，而不会出现波长冲突。这样的网络应用了光交叉连接技术，能够将任一输入链路某根光纤上的信号输出到指定输出链路上另一根光纤上而无需改变波长[12]。

在实际应用中，带宽总是有限的，当前技术仅能提供几百个波长。因此，未必所有请求都能被实现。这样一来，极大化被实现的请求数目就显得很重要了。从网络供应商的角度来说，更重要的是利润极大化[13,14]。

受到这一类应用的启发，研究如下的利润极大化问题。设给定一个具有有限数目波长的多纤 WDM 网络和一组点—点通信请求，每个请求联系一个利润。对于一组传输请求，如果能在网络中为其中每一个请求选择一条路并分配一个波长，使任一链路上任一波长的使用次数不超过该链路上的光纤数，则称该组传输请求可以在网络中实现。利润极大化问题的目标是要确定利润最大的并且可以在网络中实现的那一部分传输请求。本书还研究了两个相关问题。

本书集中研究环形网。在环形网中，每个节点扮演着同样的角色。这种节点的对称性简化了网络算法（如路由与波长分配）的设计。另外，环是 2-连通的，环中任意一对节点之间存在两条不同的路。因此，一个节点或者一条链路出了问题，环仍然保持连通。因为有这些优点，环在通信网络中得到了广泛应用，也引起了很多人的研究兴趣[15~23]。

所研究的大多数问题是 NP 难解的，找不到多项式时间的精确算法，除非 P=NP[24]。因此，把注意力放在寻找多项式时间近似的算法上。考虑到部分问题的实际应用背景，研究的重点是得到组合算法。组合算法有两个好处：一是简单易于实现；二是经常能提供一些问题的结构特点，以便应用到特殊情形上。

1.2　算法复杂性的若干基础概念

下面先介绍来自复杂性理论的一些基础概念。这些概念是相当技术性的，因此这里只给出要点。

定义 1.1　一个 NP 优化问题 Π 是一个极小化或极大化问题。它的每一个真实的实例 I 伴随着一个非空可行解集，每个可行解有一个目标函数值，该目标函数值是一个非负实数。存在多项式时间算法能够确定真实性、可行性和目标函数值。

定义 1.2　一个优化问题是 NP 难解的，如果所有的 NP 优化问题都能多项式时间归约到它。

定义 1.3　一个优化问题是强 NP 难解的，如果即使当输入实例以一元表示时，它仍然是 NP 难解的。

定义 1.4　如果存在常数 $c > 0$，使得当 n 足够大时有 $f(n) \leqslant cg(n)$，则记 $f(n) = O(g(n))$。

定义 1.5　如果一个算法的运行时间在输入规模的多项式时间之内，则称之为有效算法。

定义 1.6　如果一个有效算法能够给出问题的一个最优解，则称之为精确（或最优）算法。

定理 1.1[24]　除非 P=NP，任何 NP 难解问题都没有多项式时间精确算法。

根据这个定理，很自然地，对于 NP 难解问题则要寻找好的近似解。

定义 1.7　如果对于优化问题 Π 的任意一个实例 I，某多项式时间算法都给出一个可行的但未必最优的解，则该算法被称为问题 Π 的一个近似算法。

当然，一个任意的可行解，其目标值可能会离最优值很远。本书关注的是找到能给出可靠的次优解的算法。定义 1.8 和定义 1.9 能帮助评价近似算法的性能。记 $OPT(I)$ 为问题的实例 I 的最优值。

定义 1.8　优化问题 Π 的一个近似算法 A 具有近似比（或性能比）$\rho(n)$，如果对于 Π 的任一实例 I（$|I|=n$），算法 A 所给出解的目标值 $A(I)$ 满足

$$\max\left\{\frac{A(I)}{OPT(I)},\frac{OPT(I)}{A(I)}\right\}\leqslant\rho(n)$$

则近似比为 $\rho(n)$ 的算法被称为 $\rho(n)$ -近似算法。

定义 1.9　一族算法 $\{A_\epsilon\}$ 被称为一个多项式时间近似方案，如果对于每一个给定的正数 ϵ，算法 A_ϵ 是一个运行于输入规模的多项式时间之内的 $(1+\epsilon)$ -近似算法。如果运行时间也是 $1/\epsilon$ 的多项式，就得到了全多项式时间近似方案。

定理 1.2[24]　除非 P=NP，任何强 NP 难解问题都没有全多项式时间近似方案。

要了解更多的计算复杂性的知识，可参考文献[24~26]。

第 2 章

极小化加权完工时间和的批机器并行调度

2.1 引言

在批调度的各种目标函数中，极小化加权完工时间和被认为是最难解决的问题之一，即使所有工件同时到达并且只有一台批机器[6]。本章研究这一目标函数，机器环境是并行批机器。当工厂中有多台烤箱时，用并行批机器来表示是很自然的。

给定要在 m 台批机器上进行加工的 n 个工件。这些批机器是可以并行开工的同型机。每个工件有一个正权因子 w_j、一个加工时间 p_j 和一个释放时间 r_j。工件的加工时间是加工该工件所需要的最小时间。在工件的释放时间之前不能加工该工件。每个批机器可以同时加工至多 $B\,(B < n)$ 个工件，这些工件称为一个批次，B 为批容量。一个批次的加工时间是该批次所包含的所有工件加工时间的最大者。同一批次中的所有工件有相同的开工时间，也有相同的完工时间，即该批次的完工时间。问题的目标是寻找工件的一个调度，使加权完工时间和 $\sum w_j C_j$ 最小。这里，C_j 表示工件 j 在调度中的完工时间。每个批次的加工都是连续进行的，即从开工到完工，没有

其他批次可以在同一台机器上加工。应用 Graham 等[27]的三域表示法，将这一问题记为 $P\,|\,r_j,B\,|\,\sum w_j C_j$。注意到即使当 $m=1$，$B=1$ 且所有的 $w_j=1$ 时，这一问题也是强 NP 难解的[28]。

当 $B=1$ 且 $m>1$ 时，这一问题就是熟知的经典调度问题 $P\,|\,r_j\,|\,\sum w_j C_j$，即极小化加权完工时间和同型机并行调度问题（没有批加工）。Afrati 等[29]给出了该问题的第一个多项式时间近似方案。他们所用到的技巧（在文献[30]中有详尽的解释），也可以应用到很多其他的调度问题上。

当 $B>1$ 且 $m=1$ 时，问题就成为单机批调度问题 $1\,|\,r_j,B\,|\,\sum w_j C_j$。已有的工作集中在所有工件同时到达并且权重均为 1 的情形，即 $1\,|\,B\,|\,\sum C_j$。Chandru 等[31]给出了两个启发式算法，其运行时间是拟多项式的，但是没有分析近似比。后来，Hochbaum 和 Landy[32]给出了一个技巧性很强的 2-近似算法。Cai 等[33]将这一算法进行推广，得到了多项式时间近似方案。在寻找精确解方面，Brucker 等[6]给出了一个算法，其运行时间是 $O(n^{B(B-1)})$。Poon 和 Yu[34]将时间复杂性改进为 $O(n^{6B})$，并且给出了另外一个运行时间为 $n^{O(\sqrt{n})}$ 的算法。极少有人研究工件具有释放时间或权重不相等的问题。最近，Deng 等[35]给出了 $1\,|\,r_j,B\,|\,\sum C_j$ 的第一个多项式时间近似方案。Chen 等[36]研究了 $1\,|\,r_j,B\,|\,\sum w_j C_j$ 的在线问题，给出了竞争比为 $4+\epsilon$ 的算法，ϵ 是任意小的正数。

据悉，尚未有人研究 $P\,|\,r_j,B\,|\,\sum w_j C_j$ 问题。本章将给出这一问题的多项式时间近似方案。该框架类似于文献[29]，但是并行批机器的特性使研究更加困难。例如，在 2.3 节给出了调度"小工件"

的贪心算法，与文献[29]中给出的算法类似。但是，这个简单算法的分析却很不简单。再如，在一个块中调度工件也变得非常困难。本书应用了"轮廓"的概念来解决这一问题，这一概念来自于文献[37]。增加了一些新的想法之后，描述了如何在多项式时间之内找到一个 $(1+6\epsilon)$ -近似轮廓。根据这个 $(1+6\epsilon)$ -近似轮廓，就能在多项式时间之内构造出一个 $(1+6\epsilon)$ -近似调度。有一点奇怪，在此算法中，那些处理批调度问题的技巧（见文献[6,31~33]）用的并不多，反而依赖于研究经典调度问题（ $B=1$ ）所发展起来的技巧（见文献[29,37]）。

2.2　预备知识

设 C_j^S 表示工件 j 在调度 S 中的完工时间。在不引起混淆的前提下，经常略去上标 S 。设 $p(b_i)$ ， $S(b_i)$ 和 $C(b_i)$ 分别表示批次 b_i 的加工时间、开工时间和完工时间。设 OPT 表示最优调度的目标值。设 E1 和 E2 是任意两个集合，用 E1\E2 表示 E1 和 E2 的相对差，及 E1 中有并且 E2 中没有的那些元素构成的集合。如果一个工件已经被释放但尚未被调度，则称该工件是可用的。如果一个批次中所有的工件都已经被释放，但是这个批次还没有被调度，则称该批次是可用的。恰好包含 B （批容量）个工件的批次称为满批。为叙述简明，不失一般性，设 ϵ 是一个任意小的正数，$1/\epsilon$ 是一个整数，且 $\epsilon \leqslant 1/4$ 。

接下来，描述如何对输入实例进行转换，以得到好的结构。这将使后面的枚举和动态规划更加有效。每次转换可能使目标函数值增加不超过原来的 $1+O(\epsilon)$ 倍。这样，经过常数次转换之后，目标值仍然限制在最优值的 $1+O(\epsilon)$ 倍之内。在描述这样一次转换时，采用文献[29]的说法，称它产生了$1+O(\epsilon)$的损失。限于篇幅，此处不加证明地给出文献[29]中出现的一些引理。

引理 2.1[29]　在$1+O(\epsilon)$的损失之内，可认为所有的加工时间和释放时间都是$1+\epsilon$的整数次幂。

对任意一个整数x，定义$R_x := (1+\epsilon)^x$。根据引理 2.1，可设所有的释放时间都取R_x（x是一个整数）的形式。将时间区间$[\min_j r_j, +\infty)$剖分成不交的形式为$I_x := [R_x, R_{x+1})$的区间。（下面的引理 2.2 保证了所有工件在时刻 0 都未被释放）。用I_x表示一个区间，该区间的长度为$(R_{x+1} - R_x)$。经常用到的一个事实是$I_x = \epsilon R_x$。

引理 2.2[29]　在$1+O(\epsilon)$的损失之内，可认为对于所有工件j，均有$r_j \geqslant \epsilon p_j$。

引理 2.3[29]　每个批次至多穿越$s := \lceil \log_{1+\epsilon}(1+1/\epsilon) \rceil$个区间。

采用文献[29]的做法，将工件（批次）分为两类：小的和大的。对于区间I_x来说，如果一个工件（批次）的加工时间不大于$\epsilon^2 I_x$，则称这个工件（批次）是小的，否则就是大的。

2.3　小工件

本节考虑$P\,|\,r_j, B\,|\sum w_j C_j$问题的一种特殊情形：所有工件在释放时就是小工件。对于这种情形，将给出一个多项式时间近似方案。

所有工件同时到达的经典调度问题$1\|\sum w_j C_j$可以用熟知的史密斯规则最优求解：按照p_j / w_j的非降序来调度工件[38]。以下将应用史密斯规则把小工件分配到各个区间。如定理 2.1 所示，以这种

贪心方式来调度小工件可以保证目标值的改变很小。

为叙述方便，先描述文献[39]中给出的 BLPT 规则：给定若干工件，将其按照加工时间的非升序排列，然后不断地将加工时间最大的 B 个或尽可能多的工件分为一批。根据 BLPT 规则得到的所有批次的加工时间之和称为工件的体积。

GreedySmall 算法

从时刻 $\min_j r_j$ 开始，按如下方式依次处理区间。假设已经处理了 I_x 之前的区间，现在处理 I_x。将 I_x 中所有可用的小工件按 p_j / w_j 的非降序排列，然后不断地将前 B 个（或尽可能多的）工件分为一批，直到所拾取工件的体积恰好超过 $m(1+\epsilon^2)I_x + \epsilon^2 I_x$ 或直到没有可用工件为止（每次分配 B 个或尽可能多的工件给 I_x，所拾取工件增加的体积不会超过 $\epsilon^2 I_x$）。将所拾取的工件按 BLPT 规则分批，然后在 I_x 中按如下方式来调度这些批次：在一台机器上连续对批次进行加工，直到该机器所加工批次的加工时间之和恰好超过 $(1+2\epsilon^2)I_x$ 或直到没有未加工批次为止，再转到另一台机器上。重复这一过程直到所得到的批次都被调度为止。将 I_x 拉伸为原来长度的 $1+3\epsilon^2$ 倍，使之没有小批次穿越 I_x。重复这一过程直到所有工件都被调度为止。

定理 2.1　如果所有工件在释放时就是小工件，那么 GreedySmall 算法能够给出 $P\,|\,r_j, B\,|\,\sum w_j C_j$ 问题的一个 $(1+2\epsilon)$-近似调度。

证明：设 S 是 GreedySmall 算法得到的调度，OPT 是一个最优调度。设 S_i 是调度 S 中开工于区间 I_i 的工件的集合，OPT_i 是调度 OPT 中开工于区间 I_i 的工件的集合。对于任意一个工件 j，设 $I_{x(j)}$ 表

示 j 在调度 S 中开工的区间，则

$$C_j^S \leqslant R_{x(j)+1} + \sum_{x \leqslant x(j)} 3\epsilon^2 I_x \leqslant R_{x(j)+1} + 3\epsilon^2 R_{x(j)+1} < (1+2\epsilon)R_{x(j)} \quad (2.1)$$

令 $R_a = \min_j r_j$，考虑区间 I_a。首先证明 $\sum\limits_{j \in S_a} p_j \geqslant \sum\limits_{j \in OPT_a} p_j$。设调度 S 中分配到 I_a 的工件的体积大于 $m(1+\epsilon^2)I_a + \epsilon^2 I_a$，并且开工于 I_a 的所有批次都是满的。否则证明是平凡的。

将调度 S 中开工于 I_a 的批次按加工时间的非升序标记为 $b_1, b_2, \cdots, b_k$。则有 $q(b_i) \geqslant p(b_{i+1})$，其中 $p(b_i)$ 和 $q(b_i)$ 分别表示 b_i 中最大工件和最小工件的加工时间。由文献[35]中的不等式 $\sum\limits_{i=1}^{k}(p(b_i) - q(b_i)) < p(b_1) \leqslant \epsilon^2 I_a$ 可知，$\sum\limits_{i=1}^{k} q(b_i) > \sum\limits_{i=1}^{k} p(b_i) - \epsilon^2 I_a > m(1+\epsilon^2)I_a$ 从而得到

$$\sum_{j \in S_a} p_j \geqslant B\sum_{i=1}^{k} q(b_i) > Bm(1+\epsilon^2)I_a > \sum_{j \in OPT_a} p_j \quad (2.2)$$

其次证明 $\sum\limits_{j \in S_a} w_j \geqslant \sum\limits_{j \in OPT_a} w_j$。

从式（2.2）可以得到

$$\max_{j \in S_a \backslash OPT_a}\{p_j / w_j\} \cdot \sum_{j \in S_a \backslash OPT_a} w_j >$$
$$\min_{j \in OPT_a \backslash S_a}\{p_j / w_j\} \cdot \sum_{j \in OPT_a \backslash S_a} w_j$$

根据 GreedySmall 算法的规则，可得 $\max_{j \in S_a \backslash OPT_a}\{p_j / w_j\} \leqslant \min_{j \in OPT_a \backslash S_a}\{p_j / w_j\}$。这样就有 $\sum\limits_{j \in S_a} w_j > \sum\limits_{j \in OPT_a} w_j$。

接下来证明 $\sum\limits_{j \in S_a \cup S_{a+1}} w_j \geqslant \sum\limits_{j \in OPT_a \cup OPT_{a+1}} w_j$。证明思路是重新分配 $S_a \cup S_{a+1}$ 中的工件。为不失一般性，可假设 $\sum\limits_{j \in S_{a+1}} p_j \geqslant \sum\limits_{j \in OPT_{a+1}} p_j$，

$P(E)$ 表示集合 E 中所有工件的加工时间之和。

设 A_a 是 $S_a \setminus OPT_a$ 的一个子集，$P(A_a) = P(OPT_a \bigcap S_{a+1})$。为保证这一点，需要将工件 $j \in S_a \setminus OPT_a$ 裂成两个"部分工件" $j_1 \in A_a$ 和 $j_2 \in S_a \setminus OPT_a \setminus A_a$，这时，$p_{j_1} + p_{j_2} = p_j$，$w_{j_1} = (p_{j_1} / p_j)w_j$，$w_{j_2} = (p_{j_2} / p_j)w_j$。需注意，$w_{j_1} + w_{j_2} = w_j$ 且 $p_{j_1} / w_{j_1} = p_{j_2} / w_{j_2} = p_j / w_j$。令 $S'_a = (S_a \setminus A_a) \bigcup (OPT_a \bigcap S_{a+1})$，$S'_{a+1} = S_{a+1} \setminus (OPT_a \bigcap S_{a+1}) \bigcup A_a$。

设 A_{a+1} 是 $S'_{a+1} \setminus OPT_{a+1}$ 的一个子集，$P(A_{a+1}) = P(OPT_{a+1} \bigcap S'_a)$。（必要时可裂开一个工件）

令 $S''_{a+1} = (S'_{a+1} \setminus A_{a+1}) \bigcup (OPT_{a+1} \bigcap S'_a)$，$S''_a = S'_a \setminus (OPT_{a+1} \bigcap S'_a) \bigcup A_{a+1}$。

易证

（1）$\sum_{j \in S''} p_j = \sum_{j \in S_a} p_j \geqslant \sum_{j \in OPT_a} p_j$。

（2）$\max_{j \in S''_a \setminus OPT_a} \{p_j / w_j\} \leqslant \min_{j \in OPT_a \setminus S''_a} \{p_j / w_j\}$。

（3）$\sum_{j \in S''_{a+1}} p_j = \sum_{j \in S_{a+1}} p_j \geqslant \sum_{j \in OPT_{a+1}} p_j$。

（4）$\max_{j \in S''_{a+1} \setminus OPT_{a+1}} \{p_j / w_j\} \leqslant \min_{j \in OPT_{a+1} \setminus S''_{a+1}} \{p_j / w_j\}$。

因此有 $\sum_{j \in S''_a} w_j \geqslant \sum_{j \in OPT_a} w_j$，$\sum_{j \in S''_{a+1}} w_j \geqslant \sum_{j \in OPT_{a+1}} w_j$。于是得到 $\sum_{j \in S_a \bigcup S_{a+1}} w_j \geqslant \sum_{j \in OPT_a \bigcup OPT_{a+1}} w_j$。

设 I_x 是 I_a 之后的任意一个区间。与上面相类似，可以证明 $\sum_{j \in \bigcup_{y \leqslant x} S_y} w_j \geqslant \sum_{j \in \bigcup_{y \leqslant x} OPT_y} w_j$。根据这个事实和式（2.1），可断言：在任何时刻 $(1 + 2\epsilon)t$，调度 S 中已完工的工件的权之和不小于调度 OPT 在时刻 t 已完工的工件的权之和。因此得到 $\sum w_j C_j^S < (1 + 2\epsilon) \cdot opt$。

2.4　一般问题

2.4.1　动态规划框架

利用文献[29]的想法，将时间分成块的序列，$\mathcal{B}_1, \mathcal{B}_2, \cdots$，每个块包含 $s = \lceil \log_{1+\epsilon}(1+1/\epsilon) \rceil$ 个连续的区间，目标是以块为单位来实施动态规划。块与块之间互相有影响，因为来自前边的块的批次可能要进入当前的块。然而，根据块的选取方式以及引理 2.3，任何批次不可能穿越一个整块。也就是说，开工于 $\mathcal{B}_i$ 的批次必定完工于 $\mathcal{B}_i$ 或 $\mathcal{B}_{i+1}$。前沿描述了开工于一个块中的批次完工于下一个块的可能方式。

引理 2.4[29] 存在 $(1+\epsilon)$-近似调度，使在任两个块之间，只需考虑 $(m+1)^{s/\epsilon}$ 种可行的前沿。

设 $\mathcal{F}$ 表示两个相邻块之间可能前沿的集合。现给出文献[29]中的动态规划框架。动态规划表单 $O(i, F, U)$ 表示通过在块 $\mathcal{B}_i$ 结束之前开工 U 中的工件并且留给块 $\mathcal{B}_{i+1}$ 一个前沿 $F \in \mathcal{F}$ 所得到的最小加权完工时间和。给定 i 的所有表单，$i+1$ 的表单值可以如下计算。设 $W(i, F_1, F_2, V)$ 表示以来自前一个块 $\mathcal{B}_{i-1}$ 的 F_1 作为输入前沿，以进入后一个块 $\mathcal{B}_{i+1}$ 的 F_2 作为输出前沿，通过在块 $\mathcal{B}_i$ 中调度 V 中的工件所得到的最小加权完工时间和，于是得到

$$O(i+1, F, U) = \min_{F' \in \mathcal{F}, V \subseteq U} \{ O(i, F', V) + W(i+1, F', F, U - V) \} \qquad (2.3)$$

实现这个动态规划时会遇到两个困难。（1）不能在多项式时间之内对所有可能的工件子集维护表单。因此要证明存在近似调度，

使每个块之后剩余的工件子集的集合可以压缩表示。（2）需要有一个程序来计算 $W(i, F_1, F_2, V)$。下面描述如何实现这两个目标，其很大程度上依赖于文献[29,30]中所用到的技巧。

2.4.2　工件子集的压缩表示

引理 2.5 可以分别处理小工件和大工件。

引理 2.5　在 $1+2\epsilon$ 的损失之内，可认为所有的大批次中均不含有小工件。

证明：考虑一个最优调度。通过在开工并且完工于同一区间的大批次之间交换一些工件，可以保证：在开工并且完工于同一区间的大批次中，只有最小的那个可能包含小工件；这使目标值不超过原来的 $1+\epsilon$ 倍。一个穿越的大批次也可能包含小工件。把小工件从大批次中分离，然后将每个区间拉伸为原来的 $1+2\epsilon^2$ 倍，将这些小工件安置下来。这样，大批次中就不包含小工件了。设在最优调度中，工件 j 所在的区间为 $x(j)$。则工件 j 新的完工时间不超过

$$R_{x(j)+1} + \sum_{x \leqslant x(j)} 2\epsilon^2 I_x \leqslant (1+2\epsilon^2)R_{x(j)+1} = (1+2\epsilon^2)(1+\epsilon)R_{x(j)}$$，因此小于它

在最优调度中的完工时间的 $1+2\epsilon$ 倍。故引理成立。

引理 2.6　存在 $(1+5\epsilon)$-近似调度，使对于任意两个满足条件 $r_j \leqslant r_k$ 和 $\dfrac{p_j}{w_j} \leqslant \dfrac{p_k}{w_k}$ 的小工件 j 和 k（$j < k$），有 $x(j) \leqslant x(k)$ 成立，其中 $I_{x(j)}$ 和 $I_{x(k)}$ 分别是工件 j 和 k 的调度区间。

证明：考虑引理 2.5 中所描述的 $(1+2\epsilon)$-近似调度。设在每个区间，每台机器对小批次都是连续进行加工的。设这个调度中，在区

间 I_x 中加工小批次的时间为 s_x。在该调度中，固定大工件不动，应用 GreedySmall 算法，围绕着大工件重新安排小工件。在 GreedySmall 算法运行时，将 I_x 中可用的小工件按照三元组 $(p_j/w_j, r_j, j)$ 的字典序的非降序排列，然后不断地将前 B 个或尽可能多的工件分为一批，直到所拾取工件的体积恰好超过 $s_x + m\epsilon^2 I_x + \epsilon^2 I_x$ 或直到没有可用小工件为止。结合引理 2.5 和定理 2.1，损失在 $(1+2\epsilon)^2 < 1+5\epsilon$ 之内。

设 T_x 和 H_x 分别表示释放时间为 R_x 的小工件和大工件的集合。设 $v(T_x)$ 表示 T_x 中的工件的体积。

引理 2.7 在 $1+O(\epsilon)$ 的损失之内，可将问题 $P|r_j, B|\sum w_j C_j$ 的任一实例转换成 I' 并且满足如下条件。

（1）对于所有的 x，$v(T_x') \leqslant m(1+\epsilon^2)I_x + 2\epsilon^2 I_x$ 成立。

（2）H_x' 中的工件至多有 $\lfloor 1+\log_{1+\epsilon}(1/\epsilon^4) \rfloor$ 类。

（3）H_x' 中每一类工件的数目不超过 mB/ϵ^2，这里 B 是批容量。

证明：考虑输入实例 I。区间 I_x 中可用的时间是 mI_x。将 T_x 中的小工件按照 p_j/w_j 的非降序排列，然后不断地拾取前 B 个工件，直到所拾取工件的体积恰好超过 $m(1+\epsilon^2)I_x + \epsilon^2 I_x$。以这种方式拾取工件得到了引理 2.6 的验证。每次分配 B 个工件给 I_x，所拾取工件的体积至多增加 $\epsilon^2 I_x$。因此有 $v(T_x') \leqslant m(1+\epsilon^2)I_x + 2\epsilon^2 I_x$。那些在 R_x 时刻释放但不能在 I_x 中被加工的工件（剩余工件），可以被安全地送到下一个释放时间 R_{x+1}。

对于 H_x 中的每个工件 j，由引理 2.2 可得 $R_x \geqslant \epsilon p_j$。另一方面，由于 j 是大工件，有 $p_j \geqslant \epsilon^2 I_x = \epsilon^3 R_x$。由于所有工件的加工时间都

是 $1+\epsilon$ 的整数次幂，因此 H'_x 中工件的类的数目（工件的不同加工时间的数目）如引理 2.7 所述。将 H'_x 中同一类的工件按权重的非升序排列，则当前区间中可加工的每一类工件的数目不超过 $\dfrac{mI_x B}{\epsilon^2 I_x} = \dfrac{mB}{\epsilon^2}$。

引理 2.8　存在 $(1+O(\epsilon))$-近似调度，使每个工件在释放之后的 $O(1/\epsilon^2)$ 个块之内完工。

证明：考虑某个最优调度。设 A_i 表示在块 $\mathcal{B}_i$ 内被释放，但是在最优调度中直到块 $\mathcal{B}_{l_i}$（$l_i = i + 1/\epsilon^2$）结束时仍未完工的工件的集合。对于每个 i，把调度中在 A_i 中加工的工件全部重新安排在 $\mathcal{B}_{l_i}$ 中进行加工。首先利用 BLPT 规则将 A_i 中的工件分批，设所得批次的集合为 D_i。设 I_x 是块 $\mathcal{B}_{l_i}$ 中最小的区间。根据引理 2.7，D_i 中所有批次的加工时间之和不超过 $\epsilon m I_x$。对于每个批次 $b_h \in D_i$，成立 $p(b_h) \leqslant \epsilon^4 I_x$。然后将 D_i 中的批次分成若干单元，每个单元的体积在 ϵI_x 和 $(\epsilon + \epsilon^4) I_x$ 之间。单元的数目至多为 m。每个单元分配一个机器（每个机器至多分配一个单元）。当该机器一加工完来自 $\mathcal{B}_{l_i-1}$ 的穿越批次，立刻开始加工这个单元。将每个区间拉伸为原来长度的 $1+2\epsilon$ 倍，安置下所增加的体积。新的调度具有所要求的性质。

设 A_{xi} 和 B_{xi} 分别表示释放时间为 R_x 在块 $\mathcal{B}_i$ 中被调度的大工件和小工件的集合。设 U_{xi} 和 V_{xi} 分别表示释放时间为 R_x 在块 $\mathcal{B}_i$ 结束时仍未被调度的大工件和小工件的集合。证明：存在 $(1+O(\epsilon))$-近似调度，使这些集合可以被压缩表示。

大工件：考虑在区间 I_x 内释放的大工件。根据引理 2.7，H_x 至多有 $\left\lfloor 1 + \log_{1+\epsilon}(1/\epsilon^4) \right\rfloor = O(s)$ 类工件（$s = \left\lceil \log_{1+\epsilon}(1+1/\epsilon) \right\rceil \leqslant 1/\epsilon^2$）。将

每一类工件按权重的非升序标号。对于每个块 $\mathcal{B}_i$，可通过指出每一类中尚未被调度的标号最小的工件来确定 U_{xi}。因为最优调度是按照权重的非升序来加工任何一类工件的，因此确定了 A_{xi}。根据引理 2.7，U_{xi} 有 $(mB/\epsilon^2)^{O(s)}$ 种不同的选择。另外，根据引理 2.8，在任一个块 $\mathcal{B}_i$ 之前未被调度的工件的释放时间不超过 $O(s/\epsilon^2)$ 个。这样，在块 $\mathcal{B}_i$ 结束时，未被调度的大工件的可能集合至多有 $(mB/\epsilon^2)^{O(s^2/\epsilon^2)}$ 种。

小工件：对于每个释放时间 R_x，将 T_x 中的工件按 p_j/w_j 的非降序排列，然后不断地将前 B 个工件分为一批，直到所拾取工件的体积恰好超过 $\epsilon^2 I_x$。设所拾取工件的集合为 $J_1(x)$，对于 T_x 中的剩余工件，不断应用这种方式构造出集合 $J_2(x),\cdots,J_\tau(x)$。集合 $J_l(x)$（$1\leqslant l<\tau$）的体积介于 $\epsilon^2 I_x$ 和 $2\epsilon^2 I_x$ 之间。最后一个集合 $J_\tau(x)$ 的体积至多为 $2\epsilon^2 I_x$。根据引理 2.7 可知 $\tau\leqslant[(1/\epsilon^2+1)m+2)]B$（很可惜，断言 $\tau\leqslant(1/\epsilon^2+1)m+2$ 是不正确的）。于是得到引理 2.9。

引理 2.9 存在 $(1+O(\epsilon))$-近似调度，使对于每个释放时间 R_x，集合 $J_l(x)$（$1\leqslant l\leqslant\tau$）中的所有工件在同一个区间之内被调度。

证明：考虑引理 2.6 所描述的一个 $(1+5\epsilon)$-近似调度 S。假设这个调度不满足所要求的特性。比如说，集合 $J_l(x)$ 不满足。设调度 S 中，I_y 是第一个有 $J_l(x)$ 中的工件在其中加工的区间。设这个（或这些）工件被安排在机器 M 上加工。不可能有来自集合 $J_{l'}(x)$（$l'>l$）的工件在 I_y 内被加工。现将 $J_l(x)$ 中的所有工件都安排（利用 BLPT 规则）在机器 M 上在区间 I_y 内加工，增加的体积至多是 $2\epsilon^2 I_x$，重复这一过程直到引理 2.9 所要求的特性得到满足。对所有的区间 I_x

（$x \leqslant y$）进行累计之后，可知在 I_y 内，机器 M 上所增加的体积不超过 $2\epsilon(1+\epsilon)I_y$。将区间 I_y 拉伸为原来的 $1+3\epsilon$ 倍，就可以安置这个增加的体积了。

根据引理 2.9，可通过指出未被调度的下标最小的 $J_i(x)$ 来确定 V_{xi}，这也就确定了 B_{xi}。V_{xi} 有 $[(1/\epsilon^2+1)m+2)]B+1$ 种不同的选择。另外，根据引理 2.8，在任一个块 $\mathcal{B}_i$ 之前未被调度的工件的释放时间不超过 $O(s/\epsilon^2)$ 个。这样，在块 $\mathcal{B}_i$ 结束时，未被调度的小工件的可能集合至多有 $(mB/\epsilon^2)^{O(s/\epsilon^2)}$ 种。

本小节的结果可总结为如下引理。

引理 2.10　存在 $(1+O(\epsilon))$-近似调度 S，使对于每个块 $\mathcal{B}_i$ 有以下结论成立。

（1）多项式时间之内可构造出 $g=(mB/\epsilon^2)^{O(1/\epsilon^6)}$ 个集合 G_i^1，$G_i^2,\cdots,G_i^g$。

（2）调度 S 中在块 $\mathcal{B}_i$ 结束时尚未被加工的工件的集合 G_i 是 $\{G_i^1,G_i^2,\cdots,G_i^g\}$ 之一。

2.4.3　在一个块中调度工件

现说明如何近似计算 $W(i,F_1,F_2,V)$。

计算 $W(i,F_1,F_2,V)$ 的一个 $1+6\epsilon$ 近似程序能够输出一个目标值不超过 $W(i,F_1,F_2,V)$ 的 $1+6\epsilon$ 倍的调度，并且 F_2 至多向前推进到原来的 $1+6\epsilon$ 倍。显然，要应用上面给出的动态规划来算出一个 $(1+O(\epsilon))$-近似解，这个程序足够了。下面描述一个 $1+6\epsilon$ 近似程序，对于任一个给定的 ϵ，该程序运行在多项式时间之内。当研究一个特定的块时，前面所给出的引理仍然有效，因此在这一小节中继续应用这些引理。

为了在一个块中调度工件，将工件（批次）分为两类：微工件和巨工件。设 $I_{\min}$ 是 $\mathcal{B}_i$ 中的最小区间。如果一个工件（批次）的加工时间不大于 $\epsilon^2 I_{\min}$，则称这个工件（批次）是微工件，否则就是巨工件。下面将说明如何用一种贪心方式来调度微工件，调用一个匹配算法来调度巨工件。

微工件和巨工件的定义与前面的小工件和大工件的定义不同。这个定义的优点在于：V 中的巨工件对于 $\mathcal{B}_i$ 中的每个区间来说总是大工件。然而，V 中某些大工件（释放时是大的）在被加工时可能变成小工件（相对于它们被加工的区间来说），因此无法应用匹配的技巧来调度它们。

引理 2.11 设 κ 表示 I_x 中可用的巨工件的不同加工时间的数目，I_x 是 $\mathcal{B}_i$ 中的一个区间，则有：$\kappa \leqslant \left\lfloor 1 + \log_{1+\epsilon}(2/\epsilon^5) \right\rfloor$。

证明：因为块 $\mathcal{B}_i$ 包含 $s = \left\lceil \log_{1+\epsilon}(1+1/\epsilon) \right\rceil$ 个区间，有 $I_{\min} \geqslant [1/(1+\epsilon)^{s-1}]I_x \geqslant (\epsilon/2)I_x$。另一方面，对于 I_x 中的每个可用工件，引理 2.2 保证了 $R_x \geqslant \epsilon p_j$。因为 j 是巨的，可以得到 $p_j \geqslant \epsilon^2 I_{\min} \geqslant (\epsilon^3/2)I_x = (\epsilon^4/2)R_x$。所有工件的加工时间都是 $1+\epsilon$ 的整数次幂，故有 $\kappa \leqslant \left\lfloor 1 + \log_{1+\epsilon}(2/\epsilon^5) \right\rfloor$。

固定一个引理 2.5 所描述的 $(1+2\epsilon)$-近似调度 S（限制在 $\mathcal{B}_i$ 之内）。设每台机器上开工于同一区间的所有批次中，微批次总是在巨批次之前被加工。因此在 $1+\epsilon+\epsilon^2$ 的损失之内，可认为每台机器上，每一个区间 I_x 之内，第一个巨批次必开工于如下 $1/\epsilon$ 个时刻之一：

$R_x + i\epsilon I_x$ $(i = 0,1,\cdots,1/\epsilon - 1)$。然后，从调度 S 中除去所有的工件和微批次，保留所有的巨批次，这些巨批次都是空的。于是就得到了一个 $(1+6\epsilon)$-近似轮廓（简称轮廓）。这个 $(1+6\epsilon)$-近似轮廓记录了每台机器上每个区间内开工的所有空的巨批次的加工顺序和加工时间，以及其中第一个的开工时间。如引理 2.12 表明，$(1+6\epsilon)$-近似轮廓可用来构造出一个 $(1+6\epsilon)$-近似调度。

给定一个 $(1+6\epsilon)$-近似轮廓，其批填充程序如下。

（1）按指定顺序连续调度每台机器上每个区间内开工的所有空的巨批次，其中第一个在指定时间开工。

（2）一个区间接一个区间地调度 V 中的微工件。设已经处理了 I_x 之前的区间，于是描述如何处理区间 I_x。设区间 I_x 中的可用时间总共为 s_x。将 I_x 中可用的微工件按 p_j / w_j 的非降序排列，然后不断地拾取前 B 个或尽可能多的工件，直到所拾取工件的体积恰好超过 $s_x + m\epsilon^2 I_x + \epsilon^2 I_x$ 或直到没有可用微工件为止。用 BLPT 规则将所拾取的工件分批，然后在 I_x 中调度所得的批次。将 I_x 拉伸为原来的 $1 + 3\epsilon^2$ 倍，将微工件安置下来。接下来处理区间 I_{x+1}，重复这一过程直到处理完 $\mathcal{B}_i$ 中的所有区间。

（3）调度 V 中的巨工件。

为表述清晰，将 V 中的巨工件重新标记为 $1,2,\cdots$。将空的巨批次标记为 $b_1,b_2,\cdots$。设 c_{jl} 表示将工件 j 分配给批次 b_l 的费用。令

$$c_{jl} = \begin{cases} w_j C(b_l), & \text{如果 } p_j \leqslant p(b_l) \text{ 且 } r_j \leqslant S(b_l) \\ +\infty, & \text{其他} \end{cases} \tag{2.4}$$

构造赋权二分图如下：将 V 中的每个巨工件视为第一部分的一个顶点，每个巨批次视为第二部分的 B 个顶点。然后应用求解最小和二分赋权匹配问题的算法[40]（该算法的运行时间为 $O(n^3)$）最优地调度 V 中的巨工件，使这些工件的加权完工时间和最小。

引理 2.12 给定一个 $(1+6\epsilon)$-近似轮廓，批填充程序能在 $O(n^3)$ 时间之内找到一个 $(1+6\epsilon)$-近似调度。

现在枚举所有可能的轮廓。在引入轮廓这一概念之前，可认为在任一台机器上，每个区间 I_x 之内开工的第一个巨批次必开工于如下 $1/\epsilon$ 个时刻之一：$R_x + i\epsilon I_x\ (i = 0,1,\cdots,1/\epsilon - 1)$。观察到每台机器上开工于区间 I_x 之内的巨批次至多有 $2/\epsilon^3$ 个。根据引理 2.11，可知每个巨批次的加工时间至多有 $\kappa \leqslant \left\lfloor 1 + \log_{1+\epsilon}(2/\epsilon^5) \right\rfloor$ 种不同的可能。块 $\mathcal{B}_i$ 由 $s = \left\lceil \log_{1+\epsilon}(1 + 1/\epsilon) \right\rceil$ 个连续的区间组成，因此，每台机器的配置有 $\Gamma < \left[(1/\epsilon)(1 + \kappa + \cdots + \kappa^{2/\epsilon^3}) \right]^s < (2/\epsilon)^s \kappa^{2s/\epsilon^3}$ 种不同的可能。所有可能的轮廓的数目至多为 $(m+1)^\Gamma$。

在所有这些可能的轮廓之中，只需考虑与输入前沿 F_1 和输出前沿 F_2 兼容的那些轮廓。对每一个这样的轮廓，调用批填充程序。从产生的可行调度中，选取目标函数值最小的那一个。显然，如果没有产生可行调度，则置 $W(i, F_1, F_2, V) = +\infty$。根据引理 2.12，得到引理 2.13。

引理 2.13 存在计算 $W(i, F_1, F_2, V)$ 的 $1+6\epsilon$ 近似程序，其运行时间是 $O(n^3 \cdot (m+1)^\Gamma)$，其中 $\Gamma < (2/\epsilon)^s \kappa^{2s/\epsilon^3}$。

2.5　结语

由于每个工件 j 必在时刻 r_j/ϵ^4 之前完工，因此，只需考虑 $O(n/\epsilon^3)$ 个块。结合引理 2.4、引理 2.10 和引理 2.13，得到了所需的主要结果，即定理 2.2。

定理 2.2　问题 $P\,|\,r_j,B\,|\,\sum w_j C_j$ 有一个多项式时间近似方案，其运行时间为 $n^4(mB/\epsilon^2)^{O(1/\epsilon^6)}\cdot(m+1)^\Gamma$。

第 3 章

极小化加权完工时间和的无界批机器并行调度

3.1 引言

本章研究的问题可定义如下。给定要在 m 台无界批机器上进行加工的 n 个工件。这些无界批机器是可以并行开工的同型机。每个工件有一个加工时间 p_j、一个正权因子 w_j 和一个释放时间 r_j。在工件的释放时间之前不能加工该工件。每个无界批机器可以同时加工至多 B（$B \geqslant n$）个工件（B 称为批容量），这些工件称为一个批次。一个批次的加工时间是该批次所包含的所有工件的加工时间的最大者。一个批次的完工时间等于该批次的开工时间加上它的加工时间。同一批次中的所有工件有相同的开工时间，即该批次的开工时间；也有相同的完工时间，即该批次的完工时间。一个批次从开工到完工，不允许向内添加工件或向外移除工件。问题的目标是寻找工件的一个调度，使 $\sum w_j C_j$（加权完工时间和）最小。其中，C_j 表示工件 j 在调度中的完工时间。应用 Graham 等[27]的表示法，将这一问题记为 $P \mid r_j, B \geqslant n \mid \sum w_j C_j$。对照单机无界批调度问题（$m=1$）可记作 $1 \mid r_j, B \geqslant n \mid \sum w_j C_j$。

单机无界批调度问题得到了广泛的研究。对于 $1|B \geq n|\sum w_j C_j$ 问题（所有的 $r_j = 0$），Brucker 等[6]给出了一个运行时间是 $O(n\log n)$ 的精确算法，并得到了一些其他结论。Deng 等[41]证明了 $1|r_j, B \geq n|\sum w_j C_j$ 是 NP 难解的。Deng 等[42]和 Li 等[43]分别给出了 $1|r_j, B \geq n|\sum C_j$（所有的 $w_j = 1$）和 $1|r_j, B \geq n|\sum w_j C_j$ 的第一个多项式时间近似方案。事实上，将文献[43]的想法进行推广之后，可得到 $Pm|r_j, B \geq n|\sum w_j C_j$ 问题（m 是一个常数）的一个多项式时间近似方案。

据我们所知，尚未有人研究 $P|r_j, B \geq n|\sum w_j C_j$ 问题（机器数目任意，即 m 是输入的一部分）。本章给出了这一问题的多项式时间近似方案，此项结果利用了文献[29]中的技巧。文献[29]对于工件有释放时间的极小化加权完工时间和的经典调度问题（$B = 1$），首次给出了多项式时间近似方案。虽然本章的研究框架类似于文献[29]，但无界批机器的特性使研究更加困难。例如，处理小工件或者在一个块中调度工件都不能简单套用文献[29]中的方法，而需要特殊的技巧。

3.2　预备知识

本节的目标是对任意一个输入实例进行转换，以得到好的结构。在描述这样一次转换时，如果它使目标函数值增加不超过原来的 $1 + O(\epsilon)$ 倍，则采用文献[29]的说法，称它产生了 $1 + O(\epsilon)$ 的损失。为叙述简明且不失一般性，设 $1/\epsilon$ 是一个整数，并且 $\epsilon \leq 1/4$。如果一个工件已经被释放但尚未被调度，则称该工件是可用的。

引理 3.1~引理 3.7 原来是应用在经典调度问题（$B=1$）上的，但是对于本章所研究的问题仍然有用。为叙述简明，此处不加证明地给出这些引理。

引理 3.1[29]　在 $1+O(\epsilon)$ 的损失之内，可认为所有的加工时间和释放时间都是 $1+\epsilon$ 的整数次幂。

对任意一个整数 x，定义 $R_x := (1+\epsilon)^x$。根据引理 3.1，可设所有的释放时间都取 R_x（x 是一个整数）的形式。将时间区间 $[\min_j r_j, +\infty)$ 剖分成不交的形式为 $I_x := [R_x, R_{x+1})$ 的区间。用 I_x 表示一个区间，该区间的长度为 $(R_{x+1} - R_x)$。经常用到的一个事实是 $I_x = \epsilon R_x$。

引理 3.2[29]　在 $1+O(\epsilon)$ 的损失之内，可认为对于所有工件 j，均有 $r_j \geqslant \epsilon p_j$。

引理 3.3[29]　每个批次至多穿越 $s := \lceil \log_{1+\epsilon}(1+1/\epsilon) \rceil$ 个区间。

采用文献[29]的做法，将工件（批次）分为两类：小工件和大工件。对于区间 I_x 来说，如果一个工件（批次）的加工时间不大于 ϵI_x，则称这个工件（批次）是小的，否则就是大的。

引理 3.4[29]　在 $1+\epsilon$ 的损失之内，可认为小工件不穿越区间。

引理 3.5　令 $k := \lfloor 1 + \log_{1+\epsilon}(1/\epsilon^3) \rfloor$，$r_j = R_x$，则工件 j 相对于区间 I_{x+k} 来说是小的。

证明：根据引理 3.2，可以得到 $p_j \leqslant \dfrac{R_x}{\epsilon} = \dfrac{\epsilon(1+\epsilon)^k R_x}{\epsilon^2(1+\epsilon)^k} < \epsilon I_{x+k}$。

引理 3.5 表明：至多等待常数个区间，任何工件都会变成小工件。

引理 3.6　每个区间中可用大工件的不同加工时间的数目至多

是 $k = \left\lfloor 1 + \log_{1+\epsilon}(1/\epsilon^3) \right\rfloor$。

证明：考虑区间 I_x。对于 I_x 中的任意可用大工件 j，引理 3.3 保证了 $R_x \geqslant \epsilon p_j$。另一方面，因为 j 是大工件，则有 $p_j \geqslant \epsilon I_x = \epsilon^2 R_x$。再根据所有工件的加工时间都是 $1+\epsilon$ 的整数次幂，引理得证。

设 $P_{x1} < \cdots < P_{xk}$ 是区间 I_x 中可用大工件的 k 个不同加工时间（这些加工时间有一些可能不存在），称加工时间为 P_{xl} 的工件为 P_{xl} 工件，$l = 1, 2, \cdots, k$。

结合引理 3.5 和 3.6，可得到一个简单的结果，即引理 3.7。

引理 3.7　P_{xl} 工件的释放时间不会早于 R_{x-k+l}（$1 \leqslant l \leqslant k$）。

3.3　动态规划

本节回顾一下来自于文献[29]的动态规划框架。基本想法是将时间分成块的序列，$\mathcal{B}_1, \mathcal{B}_2, \cdots$，每个块包含 $s = \left\lceil \log_{1+\epsilon}(1+1/\epsilon) \right\rceil$ 个连续的区间。根据块的选取方式以及引理 3.3 可知，任何批次不可能穿越一个整块。也就是说，开工于 $\mathcal{B}_i$ 的批次必定完工于 $\mathcal{B}_i$ 或 $\mathcal{B}_{i+1}$。前沿描述了开工于一个块中的批次完工于下一个块的可能方式。

引理 3.8[29]　存在 $(1+\epsilon)$-近似调度，使在任两个块之间，只需考虑 $(m+1)^{s/\epsilon}$ 种可行的前沿。

设 $\mathcal{F}$ 表示两个相邻块之间可能前沿的集合。现给出文献[29]中的动态规划框架。动态规划表单 $O(i, F, U)$ 表示通过在块 $\mathcal{B}_i$ 结束之前开工 U 中的工件并且留给块 $\mathcal{B}_{i+1}$ 一个前沿 $F \in \mathcal{F}$ 所得到的最小加权完工时间和。给定 i 的所有表单，$i+1$ 的表单值可通过如下方式计算得出。

设 $W(i, F_1, F_2, V)$ 表示以来自前一个块 $\mathcal{B}_{i-1}$ 的 F_1 作为输入前沿，以进入后一个块 $\mathcal{B}_{i+1}$ 的 F_2 作为输出前沿，通过在块 $\mathcal{B}_i$ 中调度 V 中的工件所得到的最小加权完工时间和，于是得到下面的式子。

$$O(i+1, F, U) = \min_{F' \in \mathcal{F}, V \subseteq U} \{O(i, F', V) + W(i+1, F', F, U-V)\} \quad (3.1)$$

实现这个动态规划时会遇到两个困难。（1）不能在多项式时间之内对所有可能的工件子集来维护表单。因此要证明存在近似调度，能够使每个块之后剩余的工件子集的集合压缩表示。（2）需要有一个程序来计算 $W(i, F_1, F_2, V)$。下面两节将描述如何实现这两个目标。

3.4　工件子集的压缩表示

执行动态规划所遇到的第一个困难是要说明为何只需对少数一些（数目是输入规模的多项式）工件的子集来维护表单。解决这个困难的方法是证明存在（$1+\epsilon$）-近似调度使每个块之后剩余工件的信息可以被压缩表示。

设当前正在考虑的块是 $\mathcal{B}_i$，I_y 表示块 $\mathcal{B}_i$ 中的第一个区间。显然，释放时间不早于 R_y 的工件不可能在块 $\mathcal{B}_i$ 中被调度。

引理 3.9　在 $1+\epsilon$ 的损失之内，可认为在处理完块 $\mathcal{B}_i$ 之后，区间 I_y 中没有可用的小工件。

证明：如果区间 I_y 中有可用小工件，可以在块 $\mathcal{B}_i$ 的（输出）前沿结束时开工一个加工时间至多为 ϵI_y 的批次来调度所有这些小工件。具体来讲，这个批次的开工时间是所有穿越批次中完工时间最小的批次的完工时间。这就保证了目标函数值不超过原来的 $1+\epsilon$ 倍。

因此，只需考虑区间 I_y 中可用大工件的所有不同可能性。考虑 I_y 中的 P_{yl} 工件，$1\leqslant l\leqslant k=\left\lfloor 1+\log_{1+\epsilon}(1/\epsilon^3)\right\rfloor$。根据引理 3.7，这些工件的释放时间不会早于 R_{y-k+l}。基于并行无界批机器的特性，存在以下结论：如果有一个 P_{yl} 工件开工于时刻 t，则释放时间不迟于 t 的所有 P_{yl} 工件不会迟于时刻 t 开工。而对于单机的情形，有结论：如果工件 j 开工于时刻 t，则释放时间不迟于 t，且加工时间不大于 p_j 的所有工件不会迟于时刻 t 开工，但对于并行机的情形此结论不成立。所以，区间 I_y 中可用 P_{yl} 工件的不同可能性至多为 $k-l+1$ 种。结合引理 3.6，区间 I_y 中可用大工件的不同可能性至多为 $k!$ 种。于是得到引理 3.10。

引理 3.10　存在 $(1+\epsilon)$-近似调度 S，使对于每个块 $\mathcal{B}_i$ 有以下结论成立。

（1）多项式时间之内可构造出 $g=k!$ 个集合 $G_i^1,G_i^2,\cdots,G_i^g$。

（2）调度 S 中在块 $\mathcal{B}_i$ 结束时尚未被加工的工件的集合 G_i 是 $\{G_i^1,G_i^2,\cdots,G_i^g\}$ 之一。

3.5　在一个块中调度工件

执行动态规划所遇到的第二个困难是如何近似计算 $W(i,F_1,F_2,V)$。计算 $W(i,F_1,F_2,V)$ 的一个（$1+\epsilon+\epsilon^2$）近似程序能够输出一个目标值不超过 $W(i,F_1,F_2,V)$ 的（$1+\epsilon+\epsilon^2$）倍的调度，并且 F_2 至多向前推进到原来的（$1+\epsilon+\epsilon^2$）倍。显然，要应用上面给出的动态规划来算出一个 $(1+O(\epsilon))$-近似解，这个程序足够了。下面描述一个（$1+\epsilon+\epsilon^2$）近似程序，对于任意一个给定的 ϵ，该程序运行在多项式时间之内。为叙述简便，本节中约定：一个最优调度指的是分别以 F_1 和 F_2 作为输入前沿和输出前沿，在块 $\mathcal{B}_i$ 中调度 V 中的工件的最好调度。调度或近似调度的概念也有类似约定。

固定一个调度。从这个调度中除去所有的工件和小批次，保留所有的大批次，这些大批次都是空的。将这些大批次在保持原有区间不变的前提下尽可能地向左移，于是就得到了一个轮廓。这个轮廓记录了每个空的大批次的开工时间、加工时间和加工机器。称来自于最优调度的轮廓为最优轮廓。

给定一个轮廓，批填充程序如下。

（1）按完工时间的非降序填充所有空的大批次，使每一个批次包含加工时间不超过该批次加工时间的当前所有可用的大工件。

（2）设 I_x 为任意一个区间。在开工于 I_x 的所有大批次中，选取开工时间最小的那一个。当其开工时刻处拉伸区间 I_x 时，得到一个长度为 ϵI_x 的额外空间。从时刻 $\min_j r_j$ 开始，在每一个额外空间内开工一个批次来调度当前所有可用的小工件（如果有某个区间在每一台机器上都被一个穿越批次所完全覆盖，则不需要再拉伸这个区间）。

（3）在块 $\mathcal{B}_i$ 的前沿结束之时，开工一个长度至多为 ϵI_y 的批次来调度区间 I_y 中的所有可用小工件，I_y 表示块 $\mathcal{B}_{i+1}$ 的第一个区间。

引理 3.11 给定一个最优轮廓，批填充程序能找到一个（$1+\epsilon+\epsilon^2$）-近似调度。

证明：设 C_j^{opt} 表示工件 j 在得到给定最优轮廓的那个最优调度

中的完工时间，$x(j)$ 表示工件 j 的开工区间，C_j 表示工件 j 在批填充程序所产生调度中的完工时间。当批填充程序第（1）步结束时，每个大工件 j 的完工时间不迟于 C_j^{opt}。简单相加之后，便有

$$\sum_{x \leqslant x(j)} \epsilon I_x \leqslant \epsilon R_{x(j)+1} = \epsilon(1+\epsilon) R_{x(j)} \leqslant (\epsilon+\epsilon^2) C_j^{opt}$$。因此对于所有的工件

j，算法的第（2）步和第（3）步保证了 $C_j \leqslant (1+\epsilon+\epsilon^2) C_j^{opt}$。因此，引理 3.11 成立。

引理 3.12　最优轮廓具有以下性质。

（1）每台机器上开工于同一区间的批次的加工时间是两两互异的。

（2）每台机器上开工于同一区间的批次按照加工时间的升序被连续加工。

枚举所有可能的轮廓，在这些轮廓中一定有一个最优轮廓。一个轮廓限制在一台特定机器上的那部分称为一个机器配置。每台机器上每个区间之内开工的大批次至多有 $1/\epsilon$ 个，根据引理 3.6 可知，每个大批次的加工时间至多有 $k = \left\lfloor 1 + \log_{1+\epsilon}(1/\epsilon^3) \right\rfloor$ 种不同的可能。块 $\mathcal{B}_i$ 由 $s = \left\lceil \log_{1+\epsilon}(1+1/\epsilon) \right\rceil$ 个连续的区间组成。结合引理 3.12，则不同的机器配置至多有 $\Gamma = \left[\binom{k}{0} + \binom{k}{1} + \cdots + \binom{k}{1/\epsilon} \right]^s < k^{s/\epsilon}$ 种不同的可能。

将不同的机器配置表示为 $1, 2, \cdots, \Gamma$。现在，可将轮廓定义为一个数组（$m_1, m_2, \cdots m_i, \cdots, m_\Gamma$），其中 m_i 表示配置为 i 的机器数目。这样，只需考虑至多 $(m+1)^\Gamma$ 个轮廓，$(m+1)^\Gamma$ 是 m 的一个多项式。

需要强调的是，在每个轮廓中，每台机器上开工于每个区间的空的大批次都是按加工时间的升序排列的（根据引理 3.12）。在所有这些可能的轮廓之中，只需考虑与输入前沿 F_1 和输出前沿 F_2 兼容的

那些轮廓。对每一个这样的轮廓，调用批填充程序。从产生的可行调度中，选取目标函数值最小的那一个。显然，如果没有产生可行调度，则置 $W(i, F_1, F_2, V) = +\infty$。每个轮廓中至多有 ms/ϵ 个空的大批次，确定这些大批次的填充顺序需要花费的时间是 $O((ms/\epsilon)\mathrm{lb}(ms/\epsilon))$。根据引理 3.11，可得到下面引理 3.13。

引理 3.13 存在计算 $W(i, F_1, F_2, V)$ 的 $(1+\epsilon+\epsilon^2)$ 近似程序，其运行时间是 $O((m+1)^{\Gamma}(ms/\epsilon)\mathrm{lb}(ms/\epsilon))$，其中 $\Gamma < k^{s/\epsilon}$。

3.6 结语

现回到动态规划等式（3.1），根据引理 3.5 和引理 3.9 可知，任何工件至多等待 3 个块就一定会完工。因此，忽略掉没有工件被加工的块之后，只需处理不超过 $3n$ 个块。结合引理 3.8、引理 3.10 和引理 3.13，就得到了定理 3.1。

定理 3.1 问题 $P\,|\,r_j, B \geqslant n\,|\,\sum w_j C_j$ 有一个多项式时间近似方案，其运行时间为 $O(k!(m+1)^{2\Gamma} n)$，其中 $k = \left\lfloor 1 + \log_{1+\epsilon}(1/\epsilon^3) \right\rfloor$，$s = \left\lceil \log_{1+\epsilon}(1+1/\epsilon) \right\rceil$，$\Gamma < k^{s/\epsilon}$。

第 4 章

极小化最大延迟的批机器并行调度

4.1 引言

本章考虑工件带有释放时间的极小化最大延迟的批机器并行调度问题。给定要在 m 台批机器上进行加工的 n 个工件。这些批机器是可以并行开工的同型机。每个工件有一个加工时间 p_j、一个释放时间 r_j 和一个送货时间 q_j。每个工件在加工完成之后，立刻开始送货。所有工件能够同时送货。每个批机器可以同时加工至多 B（$B < n$）个工件，这些工件称为一个批次。一个批次的加工时间是该批次所包含的所有工件加工时间的最大者。一个批次的完工时间等于该批次的开工时间加上它的加工时间。同一批次中的所有工件有相同的完工时间，即该批次的完工时间。问题的目标是寻找工件的一个调度，使 $\max_j\{C_j + q_j\}$ 最小，C_j 表示工件 j 在调度中的完工时间。

这一问题等价于如下问题：工件带有释放时间和交货期 d_j，而不是送货时间，目标是极小化最大延迟 $\max_j\{C_j - d_j\}$。在考虑近似算法时，送货时间表述法更合适（参阅文献[44]）。由于这种等价性，

应用 Graham 等[27]的表示法，将问题记为 $P\,|\,r_j,B\,|\,L_{\max}$。

近年来，确定性批调度问题得到了广泛研究。在此简单回顾一下涉及交货期的有界批调度问题的已有结果。Lee 等[39]给出了极小化最大延迟的批机器并行调度问题的一个启发式算法并分析了这一算法的近似比。在若干假设之下，他们还给出了极小化误工工件数和最大延误的有效算法。Brucker 等[6]总结了极小化正则调度目标（关于工件完工时间非降）的单机批调度问题的复杂性结果。伴随着其他一些结果，他们证明了即使当 $B=2$ 时，极小化最大延迟、极小化误工工件数和极小化总延误的单机有界批调度问题也是强 NP 难解的。文献[6]和文献[39]研究的都是工件同时到达的情形。当工件具有不同释放时间时，已有结果局限于单机批调度[45~47]。当工件的加工时间相同并且释放时间和交货期相一致时（即 $r_i \leqslant r_j$ 意味着 $d_i \leqslant d_j$），Ikura 等[45]给出了一个 $O(n^2)$ 算法以便确定交货期可行调度是否存在。当工件的加工时间相同时，Li 等[46]证明了极小化最大延误和极小化误工工件数这两个问题都是强 NP 难解的，即使工件的释放时间和交货期相一致时也是如此。Wang 等[47]给出了极小化最大延迟的单机批调度问题的一个遗传算法。

据悉，尚未有人研究 $P\,|\,r_j,B\,|\,L_{\max}$ 问题，本章给出了这一问题的多项式时间近似方案，研究受到了文献[35]和文献[37]的启发。Deng 等[35]给出了工件带有释放时间的极小化完工时间和的单机批调度问题的多项式时间近似方案。Hall 等[37]给出了问题 $P\,|\,r_j\,|\,L_{\max}$（$B=1$ 时的特殊情形）的多项式时间近似方案。

4.2　预备知识

设 opt 表示最优调度的目标值。本节的目标是对任意一个输入实例进行转换，以得到好的结构。每次转换可能使目标函数值增加不超过 $O(\epsilon)\cdot opt$。这样，常数次转换之后，目标值仍然限制在最优值的 $1+O(\epsilon)$ 倍之内。在描述这样一次转换时，采用文献[29]的说法，称它产生了 $1+O(\epsilon)$ 的损失。为叙述简明，不失一般性，设 $1/\epsilon$ 是一个整数。定义一个批次的送货时间是该批次所包含工件的送货时间的最大者。设 $p(B_i)$、$d(B_i)$、$S(B_i)$ 和 $C(B_i)$ 分别表示批次 B_i 的加工时间、送货时间、开工时间和完工时间。设 $L_{\max}(S)$ 表示调度 S 的目标值。恰好包含 B（批容量）个工件的批次称为满批，不是满批的批次称为部分批次。设 $r_{\max}=\max_j r_j$，$p_{\max}=\max_j p_j$，$q_{\max}=\max_j q_j$。

问题 $P\,|\,r_j, B\,|\,L_{\max}$ 在所有的 $r_j=q_j=0$ 时的特殊情形记作 $P\,|\,B\,|\,C_{\max}$，这时（即使 $B=1$）已经是强 NP 难解的了[39]。Lee 等[39]观察到 $P\,|\,B\,|\,C_{\max}$ 问题存在一个最优调度，在该调度中，所有工件可以利用 BLPT 规则预分批：将工件按照加工时间的非升序排列，然后不断地将加工时间最大的 B 个（或尽可能多的）工件分为一批。

要求解工件带有释放时间的一般问题，需要修改 BLPT 规则，可能会对不同时释放的工件应用这个规则，或者只对一部分工件应用。

对所有工件应用 BLPT 规则得到一些批次，设所得批次的总加工时间为 d，于是得到引理 4.1。

引理 4.1　$\max\{r_{\max}, p_{\max}, q_{\max}, \dfrac{d}{m}\} \leqslant opt \leqslant r_{\max} + p_{\max} + q_{\max} + \dfrac{d}{m}$。

证明：易证 $opt \geqslant \max\{r_{\max}, p_{\max}, q_{\max}, d/m\}$。对所有工件应用 BLPT 规则得到一些批次。从时刻 $r_{\max}$ 开始，应用列表调度（List Scheduling）算法[48]来调度这些批次，若某台机器闲置，立刻在该机器上开工一个可用批次。在此调度中，任何工件在时刻 $r_{\max} + p_{\max} + q_{\max} + d/m$ 之前完成送货。

令 $\delta = \epsilon \cdot \max\{r_{\max}, p_{\max}, q_{\max}, d/m\}$。利用 Hall 等[37]的技巧，只需考虑常数个释放时间和送货时间。想法是将每个释放时间和送货时间向下取整为 δ 的最近整数倍。因为 $r_{\max} \leqslant (1/\epsilon)\delta$ 并且 $q_{\max} \leqslant (1/\epsilon)\delta$，至多有 $1/\epsilon + 1$ 个不同的释放时间，以及 $1/\epsilon + 1$ 个不同的送货时间。显然，修正所得实例的最优值不会大于 opt。每个修正实例的可行解可以转换成原来问题的可行解，这只需要把每个工件的开工时间增加 δ，再重新引入原来的送货时间即可。因为 $\delta \leqslant \epsilon \cdot opt$，目标值至多增加为原来的 $1 + 2\epsilon$ 倍，于是得到引理 4.2。

引理 4.2　在 $1 + 2\epsilon$ 的损失之内，可认为至多有 $1/\epsilon + 1$ 个不同的释放时间，以及 $1/\epsilon + 1$ 个不同的送货时间。

根据引理 4.2，可设释放时间有 $1/\epsilon + 1$ 个值，表示为 $\rho_1, \rho_2, \cdots, \rho_{1/\epsilon+1}$，其中 $\rho_i = (i-1)\delta$。令 $\rho_{1/\epsilon+2} = \infty$。将时间区间 $[0, \infty)$ 剖分成 $1/\epsilon + 1$ 个不交的形式为 $I_i = [\rho_i, \rho_{i+1})$ 的区间，$i = 1, 2, \cdots, 1/\epsilon + 1$。设送货时间有 $1/\epsilon + 1$ 个值，表示为 $\xi_1 < \xi_2 < \cdots < \xi_{1/\epsilon+1}$。

将工件（批次）按照加工时间分为两类。如果一个工件（批次）的加工时间小于 $\delta/(1/\epsilon+1)^2$，则称这个工件（批次）是小的，否则就是大的。设 T_{il} 表示释放时间和送货时间分别为 ρ_i 和 ξ_l 的小工件的集合，$i=1,2,\cdots,1/\epsilon+1$；$l=1,2,\cdots,1/\epsilon+1$。

由引理 4.1 可知，在最优调度中，每台机器至多加工 $4(1/\epsilon+1)^2/\epsilon$ 个大批次。具体来说，在每台机器上，开工于区间 I_i（$i=1,2,\cdots,1/\epsilon$）的大批次至多为 $(1/\epsilon+1)^2$ 个，开工于区间 $I_{1/\epsilon+1}$ 的大批次至多为 $3(1/\epsilon+1)^2/\epsilon$ 个。尽管简单，该事实在算法中非常有用。有了它，就能证明不同轮廓的数目是输入规模的多项式，具体细节见 4.4 节。

引理 4.3，使研究只需考虑常数个不同加工时间的大工件。

引理 4.3　在 $1+\epsilon$ 的损失之内，可认为大工件的不同加工时间的数目 κ 至多为 $4(1+\epsilon)^2/\epsilon^4$。

证明：将每个大工件的加工时间向下取整为 $\epsilon/4\delta/(1/\epsilon+1)^2$ 的最近整数倍。显然，取整后的实例的最优值不会大于 opt。由于对大工件 j 来说有 $p_j \geqslant \delta/(1/\epsilon+1)^2$，将取整后的值还原为原先的值以后，将取整后实例的最优调度转换成原来实例的 $(1+\epsilon/4)$-近似调度。再根据 $p_j \leqslant (1/\epsilon)\delta$，就得到了 $\kappa < 4(1+\epsilon)^2/\epsilon^4$。

设 $P_1 < P_2 < \cdots < P_\kappa$ 是大工件的 κ 个不同的加工时间。可认为原来的问题具有引理 4.2 和引理 4.3 所描述的特性。

4.3　小工件分批

本节描述如何在 $1+3\epsilon$ 的损失之内将小工件分批。基本想法类似于文献[35]。

对 T_{il}（$i=1,2,\cdots,1/\epsilon+1$；$l=1,2,\cdots,1/\epsilon+1$）中的工件应用 BLPT 规则，设所得到的批次为 $B_{il}^1,B_{il}^2,\cdots,B_{il}^{k_{il}}$，其中，$B_{il}^1,B_{il}^2,\cdots,B_{il}^{k_{il}-1}$ 是满

批，并且有 $q(B_{il}^h) \geqslant p(B_{il}^{h+1})$，这里 $p(B_{il}^h)$ 和 $q(B_{il}^h)$ 分别表示批次 B_{il}^h 中的最大和最小工件的加工时间。于是有以下事实。

$$\sum_{h=1}^{k_{il}-1}(p(B_{il}^h)-q(B_{il}^h))+p(B_{il}^{k_{il}}) < \delta/(1/\epsilon+1)^2 \qquad (4.1)$$

令 $\mathcal{B}_{il}=\left\{B_{il}^h : h=1,2,\cdots,k_{il}\right\}$。通过修正 $\mathcal{B}_{il}$ 来定义一个新的批次集合 $\tilde{\mathcal{B}}_{il}=\left\{\tilde{B}_{il}^h : h=1,2,\cdots,k_{il}\right\}$，其中 $\tilde{B}_{il}$（$h=1,2,\cdots,k_{il}-1$）是通过令 B_{il}^h 中的所有工件的加工时间等于 $q(B_{il}^h)$ 来得到的，而 $\tilde{B}_{il}^{k_{il}}$ 是通过令 $B_{il}^{k_{il}}$ 中的所有工件的加工时间等于 0 来得到的。

每个小工件 j 现在被修正为一个新的小工件 j'，其加工时间、释放时间和送货时间分别为 p_j'（包含 j' 的那个批次的加工时间）、r_j 和 q_j，称工件 $\{p_j', r_j, q_j : j=1,2,\ldots,n\}$ 为修正工件。如果 j 是个大工件，则有 $p_j'=p_j$。定义一个附属问题 BS1 如下。

BS1：在 m 台同型批机器上并行调度修正工件 $\{p_j', r_j, q_j : j=1,2,\cdots,n\}$，使最大延迟最小。

设 $opt1$ 表示附属问题 BS1 的最优值。因为对于所有的工件 j 有 $p_j' \leqslant p_j$，于是得到 $opt1 \leqslant opt$。

引理 4.4　附属问题 BS1 有一个目标值为 $L_{\max}(S) \leqslant opt1 + 2\epsilon \cdot opt$ 的调度 S，在该调度中，包含小工件的批次的集合恰为 $\bigcup_{i=1}^{1/\epsilon+1}\left(\bigcup_{l=1}^{1/\epsilon+1}\tilde{\mathcal{B}}_{il}\right)$。

证明：经过工件的交换，可以断言问题 BS1 存在一个最优调度，在该调度中，开工于同一区间的具有相同送货时间的批次中，只有一个大批次可能包含小工件。由于至多有 $1/\epsilon+1$ 个不同的送货时间，将每个区间拉伸，得到一个长度为 $\delta/(1/\epsilon+1)$ 的额外空间，用来调度包含在大批次中的小工件。这样，大批次中就不包含小工件了。因为有 $1/\epsilon+1$ 个区间，目标值至多增加 $\delta \leqslant \epsilon \cdot opt$。于是得到 BS1 的一个调度 S_1，其目标值为 $L_{\max}(S_1) \leqslant opt1 + \epsilon \cdot opt$。在调度 S_1 中，大批次只包含大工件。

接着说明如何在 $1+\epsilon$ 的损失之内将 S_1 转换成一个其中每个小批次只包含具有相同送货时间的小工件的调度。称以 ξ_l（$l=1,2,\cdots,1/\epsilon+1$）作为共同送货时间的小工件为 ξ_l 小工件。如果一个小工件的送货时间不是 ξ_l，则称它为非 ξ_l 小工件。

固定一个特定的区间和机器。假设调度 S_1 中在该机上开工于该区间的批次中，同时包含 $\xi_{1/\epsilon+1}$ 小工件和非 $\xi_{1/\epsilon+1}$ 小工件的批次至少有两个。设这些批次为 $B_1, B_2, \cdots, B_\tau$，其中 $p(B_1) \geqslant p(B_2) \geqslant \cdots \geqslant p(B_\tau)$。按如下方式交换 B_1 和 B_2 中的一些工件。

情形 1　B_1 中的 $\xi_{1/\epsilon+1}$ 小工件的数目不超过 B_2 中的非 $\xi_{1/\epsilon+1}$ 小工件的数目。

将 B_1 中的全部 $\xi_{1/\epsilon+1}$ 小工件与 B_2 中尽可能多的非 $\xi_{1/\epsilon+1}$ 小工件相交换。这样一来，B_1' 就不再包含 $\xi_{1/\epsilon+1}$ 小工件（B_1' 表示修正后的 B_1，以下类似）。

情形 2　B_1 中的 $\xi_{1/\epsilon+1}$ 小工件的数目大于 B_2 中的非 $\xi_{1/\epsilon+1}$ 小工件的数目。

将 B_1 中的全部非 $\xi_{1/\epsilon+1}$ 小工件与 B_2 中尽可能多的 $\xi_{1/\epsilon+1}$ 小工件相交换。这样一来，B_1' 就不再包含非 $\xi_{1/\epsilon+1}$ 小工件。

不论哪种情形，同时包含 $\xi_{1/\epsilon+1}$ 小工件和非 $\xi_{1/\epsilon+1}$ 小工件的批次的

数目都减少了。$p(B_1') \leqslant p(B_1)$ 且 $p(B_2') \leqslant p(B_1)$，这意味着目标值至多增加 $p(B_1') + p(B_2') - p(B_1) - p(B_2) \leqslant p(B_1) - p(B_2)$。此外还有一个在证明中起到关键作用的事实：在 B_2' 中，所有的 $\xi_{1/\epsilon+1}$ 小工件和所有的非 $\xi_{1/\epsilon+1}$ 小工件，其加工时间一定不超过 $p(B_2)$。

将 B_i' 和 B_{i+1}（$i = 2, \cdots, \tau-1$）中的一些工件按如下方式交换。如果 B_i' 中的 $\xi_{1/\epsilon+1}$ 小工件的数目不超过 B_{i+1} 中的非 $\xi_{1/\epsilon+1}$ 小工件的数目，则将 B_i' 中的全部 $\xi_{1/\epsilon+1}$ 小工件与 B_{i+1} 中尽可能多的非 $\xi_{1/\epsilon+1}$ 小工件相交换。否则，将 B_i' 中的全部非 $\xi_{1/\epsilon+1}$ 小工件与 B_{i+1} 中尽可能多的 $\xi_{1/\epsilon+1}$ 小工件相交换。

从 S_1 得到一个调度，在指定机器上的指定区间内开工的所有批次中，只有一个批次（即 B_τ'）可能同时包含 $\xi_{1/\epsilon+1}$ 小工件和非 $\xi_{1/\epsilon+1}$ 小工件。另外，设 L_i 表示该调度中批次 $B_2'', B_3'', \cdots, B_{\tau-1}'', B_\tau'$ 的所有加工时间中第 i 大的加工时间，则有：$p(B_1') \leqslant p(B_1)$ 和 $L_i \leqslant p(B_i)$。在此调度中，或者 B_τ' 中所有的 $\xi_{1/\epsilon+1}$ 小工件，或者 B_τ' 中所有的非 $\xi_{1/\epsilon+1}$ 小工件，其加工时间不超过 $p(B_\tau)$，可以拉伸这个区间以得到长度为 $p(B_\tau)$ 的额外空间，从而将这些小工件安置下来。这样就将 S_1 转化成另外一个调度。在该调度中，在指定机器上的指定区间内开工的任何一个批次，不能同时包含 $\xi_{1/\epsilon+1}$ 小工件和非 $\xi_{1/\epsilon+1}$ 小工件。目标值至多增加 $p(B_1') + L_1 + L_2 + \cdots + L_{\tau-1} - p(B_1) - p(B_2) - \cdots - p(B_\tau) + p(B_\tau) \leqslant p(B_1) < \delta/(1/\epsilon+1)^2$。

对每台机器和每个区间都重复上述过程。然后，对 ξ_l（$l = 1/\epsilon, 1/\epsilon-1, \cdots, 1$）重复上述过程。最后，将 S_1 转换成一个其每个小批次只包含具有相同送货时间的小工件。目标值至多可能增加

$\delta \leqslant \epsilon \cdot opt$。换句话说，问题 BS1 存在一个调度 S_2，其目标值为 $L_{\max}(S_2) \leqslant opt1 + 2\epsilon \cdot opt$。在该调度中，每个大批次只包含大工件，每个小批次只包含具有相同送货时间的小工件。易见，在目标值不增加的条件下，可以将 S_2 转化成这样一个调度：在该调度中，包含小工件的批次的集合恰为 $\bigcup\limits_{i=1}^{1/\epsilon+1}\left(\bigcup\limits_{l=1}^{1/\epsilon+1}\tilde{\mathcal{B}}_{il}\right)$。这样就得到了问题 BS1 的一个满足引理性质的调度。

引理 4.5 可以预先确定所有小工件的批结构。

引理 4.5　问题 $P\,|\,r_j,B\,|\,L_{\max}$ 存在一个满足如下性质的 $(1+3\epsilon)$-近似调度 S。

（1）S 中包含小工件的批次的集合恰为 $\bigcup\limits_{i=1}^{1/\epsilon+1}\left(\bigcup\limits_{l=1}^{1/\epsilon+1}\mathcal{B}_{il}\right)$。

（2）S 中每台机器上每个区间内开工的批次是按照送货时间的非升序连续进行加工的。

证明：考虑引理 4.4 所描述的问题 BS1 的一个调度。将该调度中的修正工件替换回原来的工件。根据前面给出的不等式（4.1），得 $\sum\limits_{h=1}^{k_{il}-1}(p(B_{il}^h) - p(\tilde{B}_{il}^h)) + (p(B_{il}^{k_{il}}) - 0) < \delta/(1/\epsilon+1)^2$（$i=1,2,\cdots,1/\epsilon+1$；$l=1,2,\cdots,1/\epsilon+1$）。因此，目标值至多增加 $\delta \leqslant \epsilon \cdot opt$。因为 $opt1 \leqslant opt$，于是得到了问题 $P\,|\,r_j,B\,|\,L_{\max}$ 的一个 $(1+3\epsilon)$-近似调度。在该调度中，包含小工件批次的集合恰为 $\bigcup\limits_{i=1}^{1/\epsilon+1}\left(\bigcup\limits_{l=1}^{1/\epsilon+1}\mathcal{B}_{il}\right)$。然后应用熟知的 Jackson 规则[49]，在保证目标值不增加的条件下来转化这个调度：按照送货时间的非升序连续加工每台机器上每个区间内开工的

批次。这样就得到了 $P\,|\,r_j,B\,|\,L_{\max}$ 的一个符合引理 4.5 要求的调度。

4.4　调度工件

本节将给出求解 $P\,|\,r_j,B\,|\,L_{\max}$ 问题的多项式时间近似方案。

根据引理 4.5，将所有小工件预先分批，在 $O(n\mathrm{lb}n)$ 时间之内得到 $\bigcup\limits_{i=1}^{1/\epsilon+1}\left(\bigcup\limits_{l=1}^{1/\epsilon+1}\mathcal{B}_{il}\right)$，对 T_{il} $(i=1,2,\cdots,1/\epsilon+1;\ l=1,2,\cdots,1/\epsilon+1)$ 中的所有工件应用 BLPT 规则。这样就可以只关心这一类的调度。

接下来要证明存在 $(1+5\epsilon)$-近似轮廓，根据它可以构造出一个 $(1+5\epsilon)$-近似调度。这一概念受到了文献[37]的启发。

固定一个引理 4.5 中所描述的 $(1+3\epsilon)$-近似调度 S。设 x_{ijl} 表示调度 S 中在机器 M_j 上加工并且开工于区间 I_i 内以 ξ_l 作为共同送货时间的小批次的加工时间总和。设 $X_{ijl}=\left\lceil (1/\epsilon+1)^2\cdot x_{ijl}/\delta\right\rceil\cdot\delta/(1/\epsilon+1)^2$。$X_{ijl}$ 可理解为在机器 M_j 上加工那些开工于区间 I_i 内以 ξ_l 作为共同送货时间的小批次所用的近似时间量。然后，从 S 中除去所有的工件和小批次，但是保留所有空的大批次。设 Y_{ijkl} 表示在机器 M_j 上加工并且开工于 I_i 内分别以 P_k 和 ξ_l 作为共同加工时间和送货时间的空的大批次的集合。P_k 表示 κ（$\kappa<4(1+\epsilon)^2/\epsilon^4$）个不同的大工件加工时间中第 k 大的加工时间。称集合 $\{(X_{ijl},Y_{ijkl}):1\leqslant i\leqslant 1/\epsilon+1,\ 1\leqslant j\leqslant m,1\leqslant k\leqslant\kappa,1\leqslant l\leqslant 1/\epsilon+1\}$ 是一个 $(1+5\epsilon)$-近似轮廓。因为它可以用来构造出一个 $(1+5\epsilon)$-近似调度，如引理 4.6 所示。

给定一个 $(1+5\epsilon)$-近似轮廓，其填充程序如下。

（1）设已经向区间 $I_1,I_2,\cdots,I_{i-1}$ 分配了小批次。下面描述如何向

区间 I_i（ $i=1,2,\cdots,1/\epsilon+1$ ）分批小批次。对于 $j=1,2,\cdots,m$ 和 $l=1,2,\cdots,1/\epsilon+1$，按如下方法构造小批次的集合 Z_{ijl}：将区间 I_i 中可用的送货时间为 ξ_l 的小批次不断放入 Z_{ijl}，直到 $\sum\limits_{B_h\in Z_{ijl}}p(B_h)\geqslant X_{ijl}$ 时为止或直到没有可用的送货时间为 ξ_l 的小批次为止。显然，如果 $X_{ijl}=0$，则 $Z_{ijl}=\phi$。

（2）对于 $i=1,2,\cdots,1/\epsilon+1$ 和 $j=1,2,\cdots,m$，拉伸区间 I_i 以得到长度为 $2\delta/(1/\epsilon+1)$ 的额外空间，然后在机器 M_j 上在区间 I_i 内按照送货时间的非升序尽可能早地开工 $\bigcup\limits_{l=1}^{1/\epsilon+1}Z_{ijl}$ 中的小批次和 $\bigcup\limits_{k=1}^{\kappa}\left(\bigcup\limits_{l=1}^{1/\epsilon+1}Y_{ijkl}\right)$ 中空的大批次（根据引理 4.5）。

（3）为便于表述，将大工件重新标记为 $x_1,x_2,\cdots$。将空的大批次标记为 $B_1,B_2,\cdots$。构造二分图 G 如下：每个大工件视为第一部分 X 中的一个顶点，每个空的大批次 B_h 视为第二部分 Y 中的 B（批容量）个顶点 $y_{h1},y_{h2},\cdots,y_{hB}$，当且仅当 $r_{x_g}\leqslant S(B_h)$、 $p_{x_g}\leqslant p(B_h)$ 并且 $q_{x_g}\leqslant d(B_h)$ 时，将 x_g 与 $y_{h1},y_{h2},\cdots,y_{hB}$ 相连。然后应用匈牙利算法[50] 找到 G 中饱和 X 的每个顶点的一个匹配，这个匹配对应着大工件到空的大批次的一个可行分配。

引理 4.6　给定一个 $(1+5\epsilon)$-近似轮廓，轮廓填充程序将在 $O((1/\epsilon+1)^6 m^3 B^3/\epsilon^3)$ 时间之内找到一个 $(1+5\epsilon)$-近似调度。

证明：设 S 表示得到给定 $(1+5\epsilon)$-近似轮廓的 $(1+3\epsilon)$-近似调度。则需证明在 $1+2\epsilon$ 的损失之内，轮廓填充程序能在 $O((1/\epsilon+1)^6 m^3 B^3/\epsilon^3)$ 时间之内重新构造出 S。

显然， X_{ijl} 的定义以及将小批次分配给各区间的方式，保证了

每个小批次都会被分配给某个集合 Z_{ijl}。对于所有的 i、j 和 l，成立 $\sum_{B_h \in Z_{ijl}} p(B_h) - x_{ijl} < 2\delta / (1/\epsilon + 1)^2$。$G$ 中饱和 X 的每个顶点的匹配一定存在，即调度 S 中大工件到大批次的分配方式。因此，轮廓填充程序构造了一个可行调度 S'，其目标值 $L_{\max}(S') \leqslant L_{\max}(S) + 2\delta \leqslant (1 + 5\epsilon) \cdot opt$。一个 $(1 + 5\epsilon)$-近似轮廓包含至多 $4(1/\epsilon + 1)^2 m / \epsilon$ 个空的大批次，这样就有 $|X| \leqslant |Y| \leqslant 4(1/\epsilon + 1)^2 mB / \epsilon$。因此，可以在 $O((1/\epsilon + 1)^6 m^3 B^3 / \epsilon^3)$ 时间之内找到一个 G 中饱和 X 的每个顶点的匹配。轮廓填充程序的时间复杂性取决于填充程序第（3）步，故引理得证。

$(1 + 5\epsilon)$-近似调度的一种可能称为一个轮廓。我们将在多项式时间之内枚举所有的轮廓。在这些轮廓中，一定有一个 $(1 + 5\epsilon)$-近似轮廓。

一个轮廓限制在一台特定机器上的那部分称为一个机器配置。固定一台机器 M_j，记得在最优调度中，在每台机器上，开工于区间 I_i（$i = 1, 2, \cdots, 1/\epsilon$）的大批次至多为 $(1/\epsilon + 1)^2$ 个，开工于区间 $I_{1/\epsilon+1}$ 的大批次至多为 $3(1/\epsilon + 1)^2 / \epsilon$ 个。结合轮廓的结构，得到以下事实。对于 $i = 1, 2, \cdots, 1/\epsilon$，$k = 1, 2, \cdots, \kappa$ 和 $l = 1, 2, \cdots, 1/\epsilon$，$X_{ijl}$ 和 Y_{ijkl} 的不同可能性的数目均为 $(1/\epsilon + 1)^2 + 1$。对于 $i = 1/\epsilon + 1$，$k = 1, 2, \cdots, \kappa$ 和 $l = 1, 2, \cdots, 1/\epsilon$，$X_{ijl}$ 和 Y_{ijkl} 的不同可能性的数目均为 $3(1/\epsilon + 1)^2 / \epsilon + 1$。

因此，不同的机器配置至多有

$$\Gamma < \{[(1/\epsilon + 1)^2 + 1]^{1/\epsilon+1}[(1/\epsilon + 1)^2 + 1]^{(1/\epsilon+1)\kappa}\}^{1/\epsilon}$$
$$\{[3(1/\epsilon + 1)^2 / \epsilon + 1]^{1/\epsilon+1}[3(1/\epsilon + 1)^2 / \epsilon + 1]^{(1/\epsilon+1)\kappa}\}$$
$$< 2[(1/\epsilon + 1)^2 + 1]^{(1/\epsilon+1)(\kappa+1)/\epsilon}$$

种不同的可能，其中 $\kappa < 4(1 + \epsilon)^2 / \epsilon^4$。

将不同的机器配置表示为 $1,2,\cdots,\Gamma$。现在，可将轮廓定义为一个数组（$m_1,m_2,\cdots,m_\Gamma$），其中 m_i 表示配置为 i 的机器数目。这样只需考虑至多 $(m+1)^\Gamma$ 个轮廓。注意到 $(m+1)^\Gamma$ 是 m 的一个多项式。

给定一个轮廓，可用如下方法计算出它的目标值。将每个 X_{ijl} 看作一个加工时间和送货时间分别为 X_{ijl} 和 ξ_l 的聚合批。对于 $i=1,2,\cdots,1/\epsilon+1$ 和 $j=1,2,\cdots,m$，拉伸区间 I_i 以得到长度为 $\delta/(1/\epsilon+1)$ 的额外空间，然后在机器 M_j 上在区间 I_i 内按照送货时间的非升序尽可能早地开工聚合批 $X_{ij1},X_{ij2},\cdots,X_{ij(1/\epsilon+1)}$ 和 $\bigcup\limits_{k=1}^{K}\left(\bigcup\limits_{l=1}^{1/\epsilon+1}Y_{ijkl}\right)$ 中的空的大批次。所有批次送货均结束的时间就是给定轮廓的目标值。如果某个批次（聚合批或空的大批次）不能在指定区间开工，则舍弃这个轮廓不用。

现给出 MML（Minimizing Maximum Lateness）算法。该算法用一个目标值尽可能小的轮廓构造了一个可行调度。

（1）如上所述，得到所有的轮廓，计算出它们的目标值，舍弃一些轮廓。

（2）按照目标值非降的顺序来处理剩下的轮廓。对每一个轮廓，调用轮廓填充程序，直到产生一个可行调度（如果某个小批次或某个大工件不能被调度从而最终被剩余，则对应的轮廓不能产生一个可行调度，因此将被舍弃）。

（3）清理产生的可行调度（去掉空的批次，将所有的批次在保持指定区间不变的前提下尽可能地向左移），然后输出这一调度。

最后，得到定理 4.1。

定理 4.1 算法 MML 是问题 $P\,|\,r_j, B\,|\,L_{\max}$ 的一个多项式时间近似方案。

4.5　结语

在第 3 章已经看到，问题 $P\,|\,r_j, B\,|\,\sum w_j C_j$ 的多项式时间近似方案经过修改，得到了 $P\,|\,r_j, B \geqslant n\,|\,\sum w_j C_j$ 的多项式时间近似方案。本章给出了 $P\,|\,r_j, B\,|\,L_{\max}$ 的一个多项式时间近似方案。类似地，简单修改之后，就能得到 $P\,|\,r_j, B \geqslant n\,|\,L_{\max}$ 的第一个多项式时间近似方案。这一问题即使在 $m = 1$ 时也是 NP 难解的[51]。当所有的 d_j 为 0 时，最大延迟就是最大完工时间 $\max_j C_j$。因此也得到了求解极小化最大完工时间的有界批机器和无界批机器并行调度问题的多项式时间近似方案。

第5章

工件具有尺寸的极小化最大
完工时间的单机批调度

5.1　引言

本章考虑工件具有释放时间和尺寸的极小化最大完工时间的单机批调度问题。给定 n 个工件和一台容量为 1 的批机器。每个工件用一个实数三元组 (r_j, p_j, s_j) 来刻画，其中 r_j 是释放时间，p_j 是加工时间，$s_j \in (0,1]$ 是工件 j 的尺寸。批机器可以将若干个工件作为一批同时进行加工，只要这些工件的尺寸之和不超过 1。一个批次的加工时间是该批次所包含的所有工件的加工时间的最长者。同一批次中的所有工件有相同的完工时间（该批次的完工时间），即这些工件的共同开工时间（该批次的开工时间）加上该批次的加工时间。问题的目标是寻找工件的一个调度使工件的最大完工时间（定义为最后完工的工件的完工时间）最小。

当所有工件同时到达并且加工时间相同时，这一问题就是经典的一维装箱问题[52]。一维装箱问题是强 NP 难解的[24]，并且除非 P=NP，近似比小于 3/2 的算法不可能存在[53]。另一方面，当所有工件的尺寸相同时，即对于所有的工件 j 有 $s_j = \dfrac{1}{b}$（$b < n$）时，这一问题等价于 Lee 等[54]研究过的批问题。文献[54]给出了这一问题的若干启发式算法。Brucker 等[6]证明了批问题是强 NP 难解的。Deng 等[55]得到了这一问题的多项式时间近似方案。对于任意的 $\epsilon > 0$，这一算法能够在 $O(4^{2/\epsilon} n^{8/\epsilon+1} b^{2/\epsilon} / \epsilon^{4/\epsilon-2})$ 时间之内计算出一个（$1+\epsilon$）-近似解。

类似或相关的调度问题已有大量的研究结果，但大多局限于工件尺寸相同的情形。例如，Lee 等[39]在若干假设之下给出了极小化误工工件数和最大延误问题的有效算法。他们还给出了极小化最大延迟的批机器并行调度问题的一个启发式算法。Brucker 等[6]研究了极小化正则调度目标（关于工件完工时间非降）的单机批调度问题。Deng 等[35]给出了工件具有释放时间的极小化完工时间和单机批调度问题的多项式时间近似方案。工件尺寸不同的调度问题有几个零星的结果，但这一问题已有的结果局限于工件同时到达的情形[56,57]。Uzsoy[56]给出了若干启发式算法。Zhang 等[57]给出了一个技巧性很强的 $\dfrac{7}{4}$-近似算法，他们还分析了文献[56]中的所有启发式算法，指出其中最好的一个的近似比不大于 2。

本章研究工件具有任意释放时间和尺寸的一般问题。主要结果是给出了一个 $(2+\epsilon)$-近似算法，ϵ 是任意小的正数。算法的运行时间是 $O(n\mathrm{lb}n) + f(1/\epsilon)$，隐藏在 $O(n\mathrm{lb}n)$ 中的常系数很小并且与 ϵ 无关。当所有工件的尺寸相同时，此算法就成为一个多项式时间近似方案。这一结果本身也很有意义，因为这个多项式时间近似方案比文献[55]所给的更加有效。

5.2　预备知识

用 BPP 表示所要研究的问题，用 SBPP 表示 BPP 问题附加允许工件裂开的条件。如果一个工件被裂开了，则称它为裂开工件。需要强调的是术语"裂开工件"指的是被裂开的原始工件，而不是裂开它以后所得到的两部分。如果一个工件已经被释放但尚未被放入一个批次，则称它是可用的。如果能够把一个可用工件加入一个给定的批次，则称该可用工件是合适的。如果一个尚未被调度的批次中的所有工件都已被释放，则称该批次是可用的。

算法的基本思想如下：先得到 SBPP 问题的一个多项式时间近似方案，然后将其转化为 BPP 问题的一个（$2+\epsilon$）-近似算法。

5.3　SBPP 问题的多项式时间近似方案

本节将给出 SBPP 问题的一个多项式时间近似方案，设 opt 表示 SBPP 的最优目标值。

在本节中，如果一个工件已经被裂开并且它的一部分已经被调度了，则剩余部分将被视为一个独立的工件。

FBLPT（Full-Batch-Longest-Processing-Time）规则描述如下。

（1）将工件按加工时间的非升序排列。

（2）新开一个批次，该批次的加工时间是所有工件加工时间中的最长者。从工件表的开始处取工件填充该批次，如果该批次没有足够的空间来盛入某工件，就放入该工件的一部分使该批次完全填满，然后将该工件的剩余部分放置在剩余工件表的开始处。

（3）重复第（2）步直到工件表清空为止。

SBPP 问题在所有的 $r_j = 0$ 时的特例可用上面的 FBLPT 规则来最优求解。首先对所有的工件应用 FBLPT 规则以得到一系列批次，然后以任意顺序连续加工这些批次。此算法的正确性很容易通过工件的交换来证明。

要求解工件具有释放时间的一般问题，需要对给定输入实例进行转换，以得到好的结构。每次转换可能使目标函数值增加不超过 $O(\epsilon) \cdot opt$。这样，常数次转换之后，目标值仍然限制在最优值的 $1 + O(\epsilon)$ 倍之内。在描述这样一次转换时，采用文献[29]的说法，称它产生了 $1 + O(\epsilon)$ 的损失。为叙述简明，不失一般性，设 $1/\epsilon$ 是一个整数。

5.3.1　简化输入

对所有工件应用 FBLPT 规则得到一系列批次。设所得批次的总加工时间为 d，令 $r_{\max} = \max_{1 \leqslant j \leqslant n} r_j$。于是得到 SBPP 问题的最优目标值的上下界。

$$\max\{r_{\max}, d\} \leqslant opt \leqslant r_{\max} + d \tag{5.1}$$

令 $M = \epsilon \cdot \max\{r_{\max}, d\}$，只需考虑常数个不同释放时间。因为如果不同释放时间的数目不是常数的，则可将每个释放时间向下取整为 M 的最近整数倍。得到取整后的问题的一个调度，然后把每个工件的开工时间增加 M，得到原来问题的一个可行调度。因为 $M \leqslant \epsilon \cdot opt$，所以得到引理 5.1。

引理 5.1　在 $1+\epsilon$ 的损失之内，可认为至多有 $1/\epsilon+1$ 个不同的释放时间。

根据引理 5.1，将时间区间 $[0,\infty)$ 剖分成 $1/\epsilon+1$ 个不交的区间。设第 i 个区间为 $\Delta_i=[(i-1)M,iM)$，其中，$i=1,2,\cdots,1/\epsilon$。设 $\Delta_{1/\epsilon+1}=[(1/\epsilon)M,+\infty)$，为不失一般性，可设释放时间有 $1/\epsilon+1$ 个值，表示为 $\rho_1,\rho_2,\cdots,\rho_{1/\epsilon+1}$，其中 $\rho_i=(i-1)M$，$i=1,2,\cdots,1/\epsilon+1$。设 J_i 表示以 ρ_i 作为共同释放时间的工件的集合。

现在来讨论短工件和长工件。如果一个工件（批次）的加工时间小于 ϵM，则称这个工件（批次）是短的，否则就是长的。在第 5.3.2 节将会看到，短工件很容易安排。另一方面，引理 5.2 使得只需考虑常数个不同加工时间的长工件。

引理 5.2　在 $1+2\epsilon$ 的损失之内，可认为长工件的不同加工时间的数目 k 至多为 $1/\epsilon^3-1/\epsilon+1$。

证明：$M=\epsilon\cdot\max\{r_{\max},d\}$，由不等式（5.1）可知，对于长工件 j，在 $\epsilon M\leqslant p_j\leqslant(1/\epsilon)M$ 成立。将每个长工件的加工时间向下取整为 ϵ^2M 的最近整数倍。所得取整后的实例中，长工件的不同加工时间至多为 $\dfrac{\frac{1}{\epsilon}M}{\epsilon^2M}-\left(\dfrac{\epsilon M}{\epsilon^2M}\right)-1=\dfrac{1}{\epsilon^3}-\dfrac{1}{\epsilon}+1$ 个。因此得到 $k\leqslant\dfrac{1}{\epsilon^3}-\dfrac{1}{\epsilon}+1$。显然，取整后的实例的最优值不会大于 SBPP 的最优目标值 opt。在取整后实例的最优调度中，至多有 $2/\epsilon^2$ 个长批次。将取整后的值还原为原来的值以后，目标值至多增加 $(2/\epsilon^2)(\epsilon^2M)=2M\leqslant2\epsilon\cdot opt$。

为叙述简明，不妨认为原来的问题 SBPP 具有引理 5.1 和引理 5.2 所描述的特性。

5.3.2　短工件

本小节假设所有工件都是短工件。利用文献[35]中的想法得到 SBPP 问题在这种情形下的多项式时间近似方案。

对 J_i（$i=1,2,\cdots,1/\epsilon+1$）中的工件应用 FBLPT 规则，设所得到的批次为 $B_{i,1},B_{i,2},\cdots,B_{i,k_i}$，其中 $B_{i,1},B_{i,2},\cdots,B_{i,k_i-1}$ 是满的，并且有

$$q(B_{i,j}) \geqslant p(B_{i,j+1}) \tag{5.2}$$

$p(B_{i,j})$ 和 $q(B_{i,j})$ 分别表示批次 $B_{i,j}$ 中的最长和最短工件的加工时间，由不等式（5.2）可得

$$\sum_{j=1}^{k_i-1}(p(B_{i,j})-q(B_{i,j}))+p(B_{i,k_i}) < p(B_{i,1}) < \epsilon M \tag{5.3}$$

定义新的批次集合 $\mathcal{B}'=\{B'_{i,j}\}$ 如下：令 $B'_{i,j}$ 中的所有工件的加工时间等于 $q(B_{i,j})$，$i=1,2,\cdots,1/\epsilon+1$；$j=1,2,\cdots,k_i-1$。令 B'_{i,k_i} 中的所有工件的加工时间等于 0。每个未裂开的原始工件被修正为一个新的工件，每个裂开的原始工件被修正为两个新的工件（任何原始工件至多裂开一次），称这些新的工件为修正工件。

定义两个附属问题如下。

SBPP1：调度 $\mathcal{B}'$ 中的批次使最大完工时间最小。

SBPP2：调度修正工件使最大完工时间最小。

这两个附属问题讨论的都是修正工件。问题 SBPP1 事先已将这些工件分批，而问题 SBPP2 事先未将工件分批。因此，问题 SBPP2 的最优目标值可能比问题 SBPP1 的更小。然而，引理 5.3 排除了这种可能性。

设 $opt1$ 和 $opt2$ 分别表示问题 SBPP1 和 SBPP2 的最优值，可以得到引理 5.3。

引理 5.3　$opt1 = opt2 \leqslant opt$ 。

证明：问题 SBPP1 的最优解一定是 SBPP2 的一个可行解，因此有 $opt1 \geqslant opt2$ 。另一方面，可以在保证目标值不增加的条件下，将 SBPP2 的任一最优解转换成 SBPP1 的可行解，这意味着 $opt1 \leqslant opt2$ 。为了说明这一点，固定一个 SBPP2 的最优解 Σ 。设 B 是 Σ 中加工时间最长的批次中开工时间最早的那一个。设 B' 是 B' 中加工时间最长的批次中最早可用的那一个。将 B 中有但 B' 中没有的修正工件与 B' 中有但 B 中没有的修正工件相交换，并且保证 Σ 中任一批次的完工时间不增加。这样一来，B' 就出现在修正后的 Σ 中。重复这一过程直到 B' 中除加工时间为 0 的批次以外的所有批次都出现在修正后的 Σ 中。加工时间为 0 的修正工件可以完全被忽略，因此可以将它们进行分批使 B' 中加工时间为 0 的批次也出现在修正后的 Σ 中。最终得到了 SBPP1 的一个可行解，其目标值不超过 Σ 的目标值，故有 $opt1 \leqslant opt2$ ，这样就得到 $opt1 = opt2$ ，又显然有 $opt2 \leqslant opt$ ，因此得到 $opt1 = opt2 \leqslant opt$ 。

问题 SBPP1 很容易求解，只要批次的加工顺序不违反释放时间和"可用批次和闲置机器不同时存在"规则，那么得到的就是最优调度。

ScheduleShort 算法

（1）对 $J_1, J_2, \cdots, J_{1/\epsilon+1}$ 中的工件分别应用 FBLPT 规则。

（2）如上所述修正工件的加工时间，得到新批次的集合 B' 。

（3）在批机器上以任意顺序连续加工 $\mathcal{B}'$ 中的可用批次，得到解 S_1。

（4）将 S_1 中的每个批次 $B'_{i,j}$ 替换为 $B_{i,j}$，得到问题 SBPP 的解 S。

定理 5.1　若所有工件都是短工件，则 ScheduleShort 算法是问题 SBPP 的一个多项式时间近似方案。

证明：ScheduleShort 算法第（3）步给出了问题 SBPP1 的一个最优解。根据不等式（5.3），将区间 Δ_i（$i=1,2,\cdots,1/\epsilon+1$）拉伸得到一个长度为 ϵM 的额外空间，以便覆盖时间 $(p(B_{i,1})-p(B'_{i,1}))+\cdots+(p(B_{i,k_i-1})-p(B'_{i,k_i-1}))+(p(B_{i,k_i})-0)$。因为有 $1/\epsilon+1$ 个区间，算法第（4）步将给出问题 SBPP 的一个长度不超过 $opt1+(\epsilon+\epsilon^2)\cdot opt$ 的可行调度。结合引理 5.3，定理 5.1 得证。

值得指出的是，在 ScheduleShort 算法的运行过程中，不必真的改变工件的加工时间。事实上，只要确定了批结构，就可以立刻以任意顺序在机器上连续加工可用批次，所得到的便是一个 $(1+\epsilon+\epsilon^2)$-近似调度。

5.3.3　一般情形

本节将给出求解一般的 SBPP 问题的多项式时间近似方案。

通过工件的交换，得到引理 5.4。它在算法的设计和分析中将起到重要作用。

引理 5.4　存在一个具有下述性质的最优调度。

（1）开工于（未必完工于）同一区间的批次按加工时间的非升序被连续加工。

（2）每个批次包含尽可能多的当前最长的合适工件。

（3）在必要时，任意工件可被裂开，因此开工于同一区间的所有批次除了最短的那个以外都是满的。

引理 5.5　在 $1+\epsilon+\epsilon^2$ 的损失之内，可认为所有的长批次中均不含有短工件。

证明：由引理 5.4 可知，存在一个最优调度，该调度中在每个区间中开工的所有长批次中只有最短的那个可能包含短工件。因此，可以拉伸每个区间来得到长度为 ϵM 的额外空间，将包含在长批次中的短工件安置下来。因为有 $1/\epsilon+1$ 个区间，目标值的增加至多为 $(1+\epsilon)M$，不会超过 $(\epsilon+\epsilon^2)\cdot opt$。

结合引理 5.5 和定理 5.1，可以在算法开始时按如下方式确定短工件的批结构：对 J_i（$i=1,2,\cdots,1/\epsilon+1$）中的所有短工件应用 FBLPT 规则得到一系列短批次。

为了得到一个调度，需要将工件分批并且确定批次的加工顺序。确定批次的加工顺序是很容易的，因为以任意次序连续加工可用批次这种简单方式总是最优的。于是，便得到了算法的主要思想：当一个新区间开始时，首先调度所有可用的短批次。只有当没有可用的短批次时，才开始调度长批次。当所有工件同时释放时，一个 FBLPT 调度是最优的。因此只要当前批次的完工时间不小于 $(1/\epsilon)M$，就按照 FBLPT 规则调度剩余的长工件。

算法中将产生一系列的状态。每个状态由一个当前批次 B、当前批次的完工时间 t 和剩余可用工件的集合 R 组成。将这个状态表示为 (B,t,R)，也称 t 是状态 (B,t,R) 的完工时间。

如果状态(B,t,R)的当前批次B穿越它开工的那个区间，则称该状态是第一类的，否则称为第二类的。对于第一类的状态，在时刻t先加工新区间开始时已经释放出来的所有短工件，即使这时仍然有长工件未被加工。对于第二类的状态，因为所有短工件都已被加工，因此或者加工长批次，或者等待下一个区间的开始。

算法分为两个阶段。第一阶段是生长一棵状态树T。初始时，T只包含一个第一类的状态$(\phi,0,J_1)$。在第一阶段的每次循环中，选择T的一片完工时间小于$(1/\epsilon)M$的叶子，然后产生一个或多个新状态，这些新状态被作为产生它们状态的儿子加到树上。循环继续进行下去，直到树上所有叶子的完工时间都超过$(1/\epsilon)M$。然后进行第二阶段，用T的每片叶子产生一个可行调度，取这些调度中的目标值最小者。

算法开始时，先对J_i中的所有短工件应用FBLPT规则得到一系列短批次。将J_i中加工时间相同的长工件分为一组。（$i=1,2,\cdots,1/\epsilon+1$）这样就能够在$O(k)$时间之内计算出每个状态。$k$表示长工件的不同加工时间的数目并且有$k\leqslant 1/\epsilon^3-1/\epsilon+1$（见引理 5.2）。

假设在T的生长过程中已经选取了它的一片叶子(B,t,R)。设Q_1表示R中的短工件组成的短批次的集合，Q_2表示R中的长工件的集合，考虑两种情形。

情形 1 所选取的状态(B,t,R)是第一类的。

用Q_1产生一个新状态，即T的一片新叶子。为了这样做，将Q_1中的短批次依次排列好，使第一个批次的开工时间正是当前时间t，后面任何一个批次的开工时间恰是前一个批次的完工时间，这样就得到了一个新状态（这个新状态的当前批实际上是一列短批次）。如果新状态的最后一个短批次结束于下一个区间开始之后，就把这个新状态标记为第一类的，否则标记为第二类的。然后将这个新状态作为状态 (B,t,R) 的儿子加到 T 上。显然，如果 $Q_1 = \phi$，只需将状态 (B,t,R) 重新标记为第二类的。

情形 2　所选取的状态 (B,t,R) 是第二类的。

易见此时 Q_1 是空集。设 Q_2 中的工件有 l 个不同的加工时间，为 $P_1,P_2,\cdots,P_l$。按如下方式产生 l 个新状态：在时刻 t 开工一个加工时间为 P_i（$i=1,2,\cdots,l$）的新批次，这个新批次包含着尽可能多的当前最长的合适工件（根据引理 5.4）。对每一个这样的状态，如果新批次结束于下一个区间开始之后，就把这个新状态标记为第一类的，否则标记为第二类的。我们还另外产生一个第一类的新状态 (ϕ,t',R)，其中 t' 是下一区间的左端点。因为 $l \leqslant k \leqslant 1/\epsilon^3 - 1/\epsilon + 1$（根据引理 5.4），所以最多产生 $k+1$ 个新状态。将这些新状态作为状态 (B,t,R) 的儿子加到 T 上。

ScheduleSplit 算法

（1）对 J_i（$i=1,2,\cdots,1/\epsilon+1$）中的所有短工件应用 FBLPT 规则得到一系列短批次。将 J_i 中加工时间相同的长工件分为一组。

（2）置 $T = S$，其中 $S = (\phi,0,J_1)$ 是第一类的。

（3）选择 T 的一片完工时间小于 $(1/\epsilon)M$ 的叶子。如果它是第一类的，如情形 1 所述去做。否则，如情形 2 所述去做。重复这一步直到树上所有叶子的完工时间都超过 $(1/\epsilon)M$。

（4）用 T 的每片叶子 (B,t,R) 产生一个可行调度：从时刻 t 开始，先加工所有的剩余短批次，然后应用 FBLPT 规则加工剩余长工件。

（5）从第（4）步产生的可行调度中，输出目标值最小的那一个。

定理 5.2　ScheduleSplit 算法是 SBPP 问题的一个多项式时间近似方案。

证明：根据引理 5.1 和引理 5.2，释放时间和加工时间取整引起目标值的增加不会超过 $3\epsilon \cdot opt$。根据引理 5.5 和定理 5.1，应用 FBLPT 规则将短工件分批引起目标值的增加不会超过 $(2\epsilon + 2\epsilon^2) \cdot opt$。因此算法第（1）步结束时，至多产生 $1 + 5\epsilon + 2\epsilon^2$ 的损失。这样，在算法进行了第（2）、（3）、（4）步之后，在枚举出的可行调度中，一定有一个是 $(1 + 5\epsilon + 2\epsilon^2)$-近似调度。通过选取目标值最小的那个调度，算法第 5 步给出了一个 $(1 + 5\epsilon + 2\epsilon^2)$-近似调度。

现讨论 ScheduleSplit 算法的时间复杂性。设 σ_i 表示当前批次开工于区间 Δ_i 之内的状态的数目，$i = 1, 2, \cdots, 1/\epsilon$。在前 $1/\epsilon$ 个区间中的每一个区间之内，开工的长批次数目至多为 $1/\epsilon$。另外，在树 T 的生长过程中，一个第一类的状态只能产生一个新状态，一个第二类的状态至多产生 $k+1$ 个新状态。于是得到：$\sigma_1 \leqslant 1 + [1 + (k+1) + (k+1)^2 + \cdots + (k+1)^{1/\epsilon}]$，$\sigma_i \leqslant (k+1)^{(i-1)/\epsilon} + (k+1)^{(i-1)/\epsilon+1} + \cdots + (k+1)^{i/\epsilon}$，$i = 2, 3, \cdots, 1/\epsilon$。因此，产生的状态的总数目至多为 $\sigma_1 + \sigma_2 + \cdots + \sigma_{1/\epsilon} = O((k+1)^{1/\epsilon^2})$。

可以在 $O(k)$ 时间之内计算出每个状态。故算法第（3）步可在 $O((k+1)^{1/\epsilon^2+1})$ 时间之内完成。第（3）步最后所得到的树有 $O((k+1)^{1/\epsilon^2})$ 片叶子。在第（4）步，树上的每片叶子将被用来在

$O(1/\epsilon^2)$ 时间之内产生一个可行调度，因为剩余长工件至多能形成 $1/\epsilon^2$ 个长批次（根据长工件的定义）。算法第（1）步可在 $O(n\mathrm{lb}n)$ 时间之内完成。因此，算法的时间复杂性是 $O(n\mathrm{lb}n + (k+1)^{1/\epsilon^2+1})$ （不失一般性，可认为 $k \geqslant 1/\epsilon^2$）。

5.4　问题 BPP 的一个（$2+\epsilon$）-近似算法

现构造 BPP 的一个近似算法。

ScheduleWhole 算法

（1）应用 ScheduleSplit 算法得到 BPP 的一个 $(1+\epsilon/2)$-近似调度 π_1。

（2）从 π_1 中移出所有的裂开工件，为每一个裂开工件新开一个批次。

（3）在 π_1^* 的后面连续加工这些新批次，π_1^* 指的是 π_1 中移除了所有裂开工件后所得的调度。

定理 5.3　ScheduleWhole 算法是问题 BPP 的一个 $(2+\epsilon)$-近似算法，其中 ϵ 是任意小的正数。

证明：设 π_2 表示 ScheduleWhole 算法给出的调度。设 $C_{\max}$ 和 $C_{\max}^*$ 分别是 π_2 的目标值和问题 BPP 的最优值。opt 表示问题 SBPP 的最优值，显然有 $opt \leqslant C_{\max}^*$，并且 π_2 是问题 BPP 的一个可行调度。π_2 由两部分组成：一部分是 π_1^*，另一部分是为裂开工件新开的批次。前一部分的完工时间 C_1 不超过 $(1+\epsilon/2)opt$，设后一部分的加工时间和为 C_2。如果一个批次包含着某工件的一部分但不是最后一部分，则称该批次裂开了这个工件。在 ScheduleSplit 算法中，每个批次至多裂开一个工件，并且 π_1 中至多有 n 个批次。因为裂开工件的加工

时间不会超过裂开它的批次的加工时间，于是得到 $C_2 \leqslant C_1$。因此有

$$C_{\max} = C_1 + C_2 \leqslant (2 + \epsilon) \cdot opt \leqslant (2 + \epsilon) C_{\max}^* 。$$

在 ScheduleSplit 算法中，第（1）步可在 $(O(n \log n) + f(1/\epsilon))$ 时间之内完成，第（2）步可在 $O(n)$ 时间之内完成，因此这个算法的运行时间是 $(O(n \log n) + f(1/\epsilon))$。在算法中，裂开工件的处理是相当平凡的（为每个裂开工件单独开一个批次），能不能加以改进以得到更好的近似比呢？下例将解释为什么更复杂的调度裂开工件的技巧不能改进近似比。

设有 $2/\epsilon - 1$ 个加工时间为 1 的工件，其释放时间和尺寸分别是：$r_1 = r_{1/\epsilon+1} = 0$，$r_2 = r_{1/\epsilon+2} = 1$，$\cdots$，$r_{1/\epsilon-1} = r_{2/\epsilon-1} = 1/\epsilon - 2$，$r_{1/\epsilon} = 1/\epsilon - 1$；$s_1 = s_2 = \cdots = s_{1/\epsilon} = \epsilon$，$s_{1/\epsilon+1} = s_{1/\epsilon+2} = \cdots = s_{2/\epsilon-1} = 1$。问题 BPP 的一个目标值为 $C_{\max}^* = 1/\epsilon$ 的最优调度如下。从时间 0 开始，先按照释放时间的升序依次加工尺寸为 1 的工件，然后将尺寸为 ϵ 的工件作为一批进行加工。

另一方面，ScheduleSplit 算法给出的问题 SBPP 的一个最优调度 π_1 如下。将所有工件按照释放时间的升序排列（对于释放时间相同的工件，优先排列尺寸最小的），然后应用 FBLPT 规则，最后连续加工可用批次。ScheduleWhole 算法根据 π_1 所得到的问题 BPP 的一个目标值为 $C_{\max} = 2/\epsilon - 1$ 的调度 π_2 如下。先按照释放时间的升序依次加工尺寸为 ϵ 的工件，然后以任意顺序依次加工尺寸为 1 的工件，这样得到 $C_{\max} / C_{\max}^* = 2 - \epsilon \to 2$（$\epsilon \to 0$）。因为 π_1 中的每个裂开工件的尺寸均为 1，只好很平凡地来加工它们，即为每个裂开工件单独开一个批次。

第 6 章

环形网呼叫接纳控制

6.1　引言

通信网络在社会经济生活中提供各类通信服务，重要性日益明显。呼叫接纳控制是一个重要的网络设计与运营的优化问题。这一问题是给定若干个呼叫，设计一个算法，能够使所实现呼叫的总利润极大化[15, 16]。当所有呼叫的利润相等时，称为最大基数问题。基本的网络拓扑结构有链网、星形网、树网及环形网等。本章研究环形网呼叫接纳控制问题。环形网是使用一个连续的环将所有的设备连接在一起。

链网中的呼叫接纳控制问题有多项式时间内精确算法[16]。树网中的最大基数问题已经是 NP-难解的[58]，并且这一特殊情形有 2-近似算法。对于环形网呼叫接纳控制问题来说，其计算复杂性至今未知，现有算法只能求解几种特殊情形[15, 16]。环形网中的最大基数问题有多项式时间近似方案[16]。若问题的输入预先确定每个呼叫的路径，即呼叫的路径不由算法决定，则环形网呼叫接纳控制问题有 2-近似算法[16]，并且此时最大基数问题有多项式时间精确算法[15]。

Adamy 等[15]首次研究了环形网呼叫接纳控制问题（该问题的一般形式，即呼叫利润任意，并且实现的路径由算法决定），但并未给出算法。环形分为无向环和有向环。本章先研究无向环形网呼叫接纳控制问题，给出一个多项式时间近似方案，然后修改该算法，得到有向环形网呼叫接纳控制问题的一个多项式时间近似方案。

6.2　预备知识

用图论的术语来描述，环形网可看作是一个边赋权圈 $C = (V, E, c)$，其中顶点集 $V = \{0,1,\cdots,n-1\}$，边集 $E = \{e_i = i(i+1) \mid i = 0,1,\cdots,n-1\}$（取模 n 加法）。为便于理解，约定 V 中顶点依从小到大的顺序顺时针排列。边赋权函数（又称边容量函数）为 $c:E \to Z^+$，每条边上的权重代表该边的带宽。有 m 个呼叫，构成集合 $S = \{(u_j,v_j): j=1,2,\cdots,m\}$。将呼叫 j 表示为一个无序顶点对 (u_j,v_j)，其中 u_j 和 v_j 表示两个顶点（均取自集合 $\{0,1,,\cdots,n-1\}$）并且 $u_j \neq v_j$。呼叫利润函数为 $p:S \to R^+$，因此，$p(u_j,v_j)$ 表示实现呼叫 (u_j,v_j) 后能获得的利润。要实现呼叫 j，需在环中指定 u_j 和 v_j 之间的一条路。若边 e 在这条路上，则称呼叫 j 经过边 e。对 $S' \subseteq S$，若能够在环中实现 S' 中的每一个呼叫，使经过环上任一边的呼叫的数目（称为该边的负载）不超过该边的容量，则称 S' 是可行的。环形网呼叫接纳控制问题是要确定一个可行的呼叫子集，使所获得的利润最大。

类似地，可定义有向环形网呼叫接纳控制问题。有向环形网可看作是一个边赋权双向圈 $C = (V, A, c)$，其中顶点集 $V = \{0,1,\cdots,n-1\}$，有向边集 $A = \{a_{i1} = i(i+1), a_{i2} = (i+1)i \mid i = 0,1,\cdots,n-1\}$（取模 n 加法）。

V 中顶点依从小到大顺序顺时针排列。有向边容量函数为 $c: A \to Z^+$（假定两条反向边的容量相同，反向边是指共用一对顶点的两条有向边）。有 m 个呼叫，构成集合 $S = \{<u_j, v_j>: j = 1, 2, \cdots, m\}$。呼叫 j 用有序顶点对 $<u_j, v_j>$ 表示，其中 u_j 和 v_j 表示两个顶点（均取自集合 $\{0, 1, \cdots, n-1\}$），并且 $u_j \neq v_j$。呼叫利润函数为 $p: S \to R^+$。因此，$p(u_j, v_j)$ 表示实现呼叫 $<u_j, v_j>$ 后能获得的利润。要实现呼叫 j，需在环中指定一条 u_j 到 v_j 的有向路。若有向边 a 在这条有向路上，则称呼叫 j 经过有向边 a。对 $S' \subseteq S$，若能够在有向环中实现 S' 中的每一个呼叫，使经过有向环上任一条有向边的呼叫的数目（称为该有向边的负载）不超过该边的容量，则称 S' 是可行的。有向环形网呼叫接纳控制问题是要确定一个可行的呼叫子集，使所获得的利润最大。

环形网很容易转化为链网。任选一个顶点切开或者删除任一边。环形网中，要实现一个呼叫，有两条路径可选；而在链网中，要实现一个呼叫，路径是唯一的。由文献[16,58]可知：链网中的呼叫接纳控制问题所对应的整数规划形式，其约束矩阵是全单模的，因此可在多项式时间之内求解[59]。

引理 6.1[16, 58]　存在多项式时间算法可求解链网呼叫接纳控制问题。

双向链网可视为由两个反向的单向链网构成，呼叫集合相应地可二分成两个子集，于是得到引理 6.2。

引理 6.2　存在多项式时间算法可求解有向链网呼叫接纳控制问题。

引理 6.1 和引理 6.2 是本章所提出算法的基础，这两个引理中所提到的算法将分别被数次调用。

6.3 无向环形网

本节考虑无向环形网呼叫接纳控制问题，给出多项式时间近似方案。设 ε 为一个任意小正常数，I 为问题的任一实例，OPT 为 I 的最优解，也表示最优值。要找到实例 I 的一个近似解，其目标值不小于 $(1-\varepsilon) \cdot OPT$。算法的运行时间必须是多项式的，但可以任意方式依赖于 $\dfrac{1}{\varepsilon}$，因为 ε 被看作是一个常数[26]。

设 $H \subseteq S$，称 H 中经过边 e 的呼叫数目为 H 在边 e 上的负载，记为 $L_H(e)$。

找到环中容量最小的边 α，设其容量为 $c_{\min}$。若 $c_{\min} \leqslant \dfrac{5.5}{\varepsilon}$，则可用穷举法找到最优解 OPT，并保证运行时间为多项式，猜出 OPT 中经过边 α 的呼叫的集合 OPT_α，OPT_α 有 $O(m^{\frac{5.5}{\varepsilon}})$ 种不同的可能；去掉边 α，得到一个链网，其上任一边 e 的容量为 $c'(e) = c(e) - L_{OPT_\alpha}(e)$；对于呼叫集合 $S \setminus OPT_\alpha$，调用引理 6.1 中的链网呼叫接纳控制问题的多项式时间算法，得到 OPT 中不经过边 α 的呼叫的集合 $OPT_{\bar{\alpha}}$。则有 $OPT = OPT_\alpha \bigcup OPT_{\bar{\alpha}}$。因此不妨设 $c_{\min} > \dfrac{5.5}{\varepsilon}$。

求解无向环形网呼叫接纳控制问题算法的基本步骤如下：（1）给出环形网呼叫接纳控制问题的整数规划形式，保证问题的可行解与整数规划形式的可行解之间一一对应；（2）去掉整数变量约束条件后得到线性规划形式，求解得分数最优解 X^*，显然有 $X^* \geqslant OPT$；

（3）将分数解 $(1-\varepsilon)X^*$ 转换成环形网呼叫接纳控制问题的可行解 $H_1 \cup H_2$，其利润至少为 $(1-\varepsilon)OPT$。

环形网呼叫接纳控制问题的整数规划形式如下。

$$\max p(X) = \sum_{j=1}^{m} p_j(x_{j1} + x_{j2})$$

$$\text{s.t.} \quad \sum_{e_i \in P(x_{jk})} x_{jk} \leqslant c(e_i), \quad i = 0,1,2,\cdots,n-1 \qquad (\text{ILP})$$

$$x_{j1} + x_{j2} \leqslant 1, \quad j = 1,2,\cdots,m$$

$$x_{jk} \in \{0,1\}, \quad j = 1,2,\cdots,m;\ k = 1,2$$

其中，变量 $x_{jk} = 1$ 表示呼叫 j 在环中的实现路径为 $P(x_{jk})$，$k = 1,2$。 $\sum\limits_{e_i \in P(x_{jk})} x_{jk}$ 代表边 e_i 上的负载，记为 $L^X(e_i)$。设 ILP 的最优值为 OPT。

文献[16]中有类似的整数规划形式，目标函数是求最大基数， 而此处的目标函数是求最大利润。

将整数约束条件 $x_{jk} \in \{0,1\}$ 松弛为 $0 \leqslant x_{jk} \leqslant 1$，ILP 就变为线性 规划形式（LP）。线性规划可在多项式时间之内求解[60]。设 LP 的分 数最优解为 $X^* = (x_{11}^*, x_{12}^*, x_{21}^*, x_{22}^*, \cdots, x_{m1}^*, x_{m2}^*)$，最优值为 OPT^*。

显然 $(1-\varepsilon)X^*$ 是 LP 的一个分数可行解。下面说明如何把它转 换成环形网呼叫接纳控制问题的可行解 $H_1 \cup H_2$。转换过程中保证目 标值不下降，并且环上各边增加的负载不超过 5.5。于是有：

（1） $\sum\limits_{j \in H_1 \cup H_2} p_j \geqslant p((1-\varepsilon)X^*) = (1-\varepsilon) \cdot OPT^* \geqslant (1-\varepsilon)OPT$；

（2） $\forall i$，$L_{H_1 \cup H_2}(e_i) \leqslant L^{(1-\varepsilon)X^*}(e_i) + 5.5 \leqslant (1-\varepsilon)c(e_i) + 5.5 < c(e_i)$

（注意到 $c_{\min} > \dfrac{5.5}{\varepsilon}$ ）。

即 $H_1 \bigcup H_2$ 是一个利润至少为 $(1-\varepsilon)OPT$ 的可行呼叫子集，它的每一个呼叫均在环中得到实现。

现具体说明如何转换 $(1-\varepsilon)X^*$，其共有两次转换。

先介绍几个有用的术语。如果 $x_{j1}^* > 0$ 和 $x_{j2}^* > 0$ 同时成立，则称呼叫 j 是（关于 X^*）裂开的。直观上，一个呼叫可以表示为连接它的两个端点的弦。如果两个呼叫所对应的弦重合或者内部不相交，则称这两个呼叫平行，否则称为相交。

第一次转换：应用文献[23]的技巧，将裂开的呼叫转化为不裂开的。

设 i 和 j 表示两个裂开的平行呼叫，$P(x_{i1}^*)$ 和 $P(x_{j1}^*)$ 表示 i 和 j 的两条无公共边的路径。设 $\tau = \min\{(1-\varepsilon)x_{i2}^*, (1-\varepsilon)x_{j2}^*\}$。令 $(1-\varepsilon)x_{i1}^* \leftarrow (1-\varepsilon)x_{i1}^* + \tau$，$(1-\varepsilon)x_{i2}^* \leftarrow (1-\varepsilon)x_{i2}^* - \tau$，$(1-\varepsilon)\ x_{j1}^* \leftarrow (1-\varepsilon)x_{j1}^* + \tau$，$(1-\varepsilon)x_{j2}^* \leftarrow (1-\varepsilon)x_{j2}^* - \tau$。则 i 和 j 至少有一个成为不裂开的。

对于任意一对裂开的平行呼叫，都执行以上操作，最后将 $(1-\varepsilon)X^*$ 修改为 $X' = (x_{11}', x_{12}', x_{21}', x_{22}', \cdots, x_{m1}', x_{m2}')$，关于 X' 裂开的任意两个呼叫相交。显然，相对于 $(1-\varepsilon)X^*$ 而言，X' 的目标值不变且环上各边负载未增加。

为叙述方便，不妨设关于 X' 裂开的呼叫为 $1, 2, \cdots, q$。由于裂开的呼叫两两相交，故可设 $u_1 < u_2 < \cdots < u_q < v_1 < v_2 < \cdots < v_q$。呼叫 $j\ (1 \leqslant j \leqslant q)$ 的两条路径中，设 $P(x_{j1}')$ 表示从 u_j 沿顺时针方向到 v_j

的无向路，$P(x'_{j2})$ 表示另一条。

递归定义 $X'' = (x''_{11}, x''_{12}, x''_{21}, x''_{22}, \cdots, x''_{m1}, x''_{m2})$ 如下。

$$x''_{j1} = \begin{cases} x'_{j1}, & j \in \{q+1, q+2, \cdots, m\} \\ x'_{j1} + x'_{j2}, & j \in \{1, 2, \cdots, q\} \text{且} -x'_{j1} + \sum_{l=1}^{j-1}(x''_{l1} - x'_{l1}) < -\dfrac{1}{2} \\ 0, & \text{其他} \end{cases}$$

$$x''_{j2} = x'_{j1} + x'_{j2} - x''_{j1}, \quad j \in \{1, 2, \cdots, m\}。$$

X'' 的定义保证了：$-\dfrac{1}{2} \leqslant \sum_{l=1}^{j}(x''_{l1} - x'_{l1}) < \dfrac{1}{2}$，$1 \leqslant j \leqslant q$。

考虑环上的边 e_i（$0 \leqslant i \leqslant n-1$）。由于关于 X' 裂开的呼叫两两相交，故存在 i_1, i_2（$i_1 < i_2$），使 $j \in I_{i1} = \{i_1, i_1+1, i_1+2, \cdots, i_2\} \subseteq \{1, 2, \cdots, q\}$ 时，$e_i \in P(x'_{j1})$；$j \in I_{i2} = \{1, 2, \cdots, q\} \setminus \{i_1, i_1+1, i_1+2, \cdots, i_2\}$ 时，$e_i \in P(x'_{j2})$。于是有

$$L^{X''}(e_i) - L^{X'}(e_i) = \sum_{j \in I_{i1}}(x''_{j1} - x'_{j1}) + \sum_{j \in I_{i2}}(x''_{j2} - x'_{j2})$$

$$= \sum_{j \in I_{i1}}(x''_{j1} - x'_{j1}) - \sum_{j \in I_{i2}}(x''_{j1} - x'_{j1})$$

$$= 2\sum_{j \in I_{i1}}(x''_{j1} - x'_{j1}) - \sum_{l=1}^{q}(x''_{l1} - x'_{l1})$$

$$= 2\left[\sum_{l=1}^{i_2}(x''_{l1} - x'_{l1}) - \sum_{l=1}^{i_1-1}(x''_{l1} - x'_{l1})\right] - \sum_{l=1}^{q}(x''_{l1} - x'_{l1})$$

$$\leqslant 2 \times \left(\dfrac{1}{2} + \dfrac{1}{2}\right) + \dfrac{1}{2} = 2.5$$

相对于 X' 而言，X'' 的目标值不变、所有呼叫关于 X'' 都是不裂开的、环上各边负载至多增加 2.5 。

除非 $OPT^* = 0$，否则 X'' 并不是整数解。为了得到环形网呼叫接

纳控制问题的可行解 $H_1 \bigcup H_2$，需要进行第二次转换。在实现时，H_1 中的呼叫不经过边 e_{n-1}，H_2 中的呼叫经过边 e_{n-1}。

第二次转换：设任一呼叫 j 的两条可能路径中，不经过边 $e_{n-1} = (n-1)0$ 的路径为 $P(x''_{j1})$，经过 e_{n-1} 的路径为 $P(x''_{j2})$。设 $F_1 = \{j \mid x''_{j1} > 0\}$，$F_2 = \{j \mid x''_{j2} > 0\}$，则有 $F_1 \bigcap F_2 = \phi$。

去掉环上的边 e_{n-1}，就得到了一个链网。定义边容量函数为 $c_1(e_i) = \left\lceil \sum\limits_{e_i \in P(x''_{j1})} x''_{j1} \right\rceil$（$i \neq n-1$）。对于呼叫集合 F_1，调用链网呼叫接纳控制问题的多项式时间算法，得到 F_1 的子集 H_1。显然有：

$$\sum_{j \in H_1} p_j \geq \sum_{j \in F_1} p_j \cdot x''_{j1}.$$

路径 $P(x''_{j2})$ 可分解为 $P(x''_{j2}) = P_a(x''_{j2}) \bigcup e_{n-1} \bigcup P_b(x''_{j2})$，其中 $P_a(x''_{j2})$ 表示从顶点 0 开始顺时针走着的一段，$P_b(x''_{j2})$ 表示从顶点 $n-1$ 开始逆时针走着的一段。将环形网中除 e_{n-1} 外任一边 $e_i = i(i+1)$ 变为两条边：$e_i^a = e_i^b = i(i+1)$。设 e_{n-1} 在环的下部，在顶点 $n-1$ 和 0 处将环切开，将 e_i^a（$0 \leq i \leq n-2$）和 e_i^b（$0 \leq i \leq n-2$）分别向左右拉伸得到一个链网，其边依从左到右的顺序为：$e_{n-2}^a, e_{n-3}^a, \cdots, e_0^a, e_{n-1}$，$e_{n-2}^b, e_{n-3}^b, \cdots, e_0^b$。边容量函数为 $c_2(e_i^a) = \left\lceil \sum\limits_{e_i^a \in P_a(x''_{j2})} x''_{j2} \right\rceil$，$c_2(e_i^b) = \left\lceil \sum\limits_{e_i^b \in P_b(x''_{j2})} x''_{j2} \right\rceil$，$c_2(e_{n-1}) = \left\lceil \sum\limits_{j} x''_{j2} \right\rceil$。对于呼叫集合 F_2，调用链网呼叫接纳控制问题的多项式时间算法，得到 F_2 的子集 H_2。显然有：

$$\sum_{j \in H_2} p_j \geq \sum_{j \in F_2} p_j \cdot x''_{j2}.$$

相对于 X'' 而言，$H_1 \bigcup H_2$ 的目标值不降、环上各边负载至多增加 3 。因此，$H_1 \cup H_2$ 是一个利润至少为 $(1-\varepsilon)OPT$ 的可行呼叫子集。由此得到定理 6.1。

定理 6.1　无向环形网呼叫接纳控制问题有多项式时间近似方案。

6.4　有向环形网

本节将修改 6.3 节的算法，使其成为求解有向环形网呼叫接纳控制问题的多项式时间近似方案。

设 α_1 和 α_2 是共用一对顶点的两条有向边，且具有最小边容量 $c_{\min}$ 。若 $c_{\min} \leqslant \dfrac{4.5}{\varepsilon}$ ，则可用穷举法找到最优解 OPT ，并保证运行时间为多项式。因此设 $c_{\min} > \dfrac{4.5}{\varepsilon}$ 。

类似于上一节，先写出问题的整数规划形式，然后给出线性规划松弛并求解，得到分数最优解 X^* 。应用文献[23]的技巧将 $(1-\varepsilon)X^*$ 转换成 X'' 。相对于 $(1-\varepsilon)X^*$ 而言，X'' 的目标值不变、所有呼叫关于 X'' 都是不裂开的，环上任一有向边负载至多增加 1.5 。具体转换过程请参阅文献[23]。再根据 X'' 得到一个可行呼叫子集 $H_1 \cup H_2$ ，其利润至少为 $(1-\varepsilon)OPT$ 。在实现时，H_1 中的呼叫不经过有向边 $a_{(n-1)1} = (n-1)0$ 和 $a_{(n-1)2} = 0(n-1)$ ，H_2 中的呼叫经过有向边 $a_{(n-1)1} = (n-1)0$ 或 $a_{(n-1)2} = 0(n-1)$ 。注意到无论 F_1 还是 F_2 均含有顺时针和逆时针方向的呼叫，因此在得到 H_1 或 H_2 时，要构造两个反向的链网，以分别处理 F_1 或 F_2 中的顺时针和逆时针方向的呼叫。相对于 X'' 而言，$H_1 \cup H_2$ 使环上各有向边负载至多增加 3 ，因此是有向环形网呼叫接纳控制问题的一个可行解。于是得到定理 6.2。

定理 6.2　有向环形网呼叫接纳控制问题有多项式时间近似方案。

6.5　结语

对于无向和有向环形网呼叫接纳控制问题，本章给出了多项式时间近似方案。由于环形网呼叫接纳控制问题的计算复杂性至今未知，不清楚它是否有多项式时间精确算法。当呼叫的路径预先在环上指定时，这一问题是否有多项式时间精确算法也未知。另外，环形网最大基数问题的计算复杂性也至今未知。这些都是值得进一步研究的问题。

第 7 章
多纤网利润极大化

7.1　引言

　　波分复用有效利用了光网络所提供的巨大带宽，是目前广泛应用的技术。波分复用技术的基本原理是把一根光纤的带宽分成多个信道，每个信道分配一个不同的波长，以使不同信号能在同一光纤的不同信道上同时传输。在通信网络中，信号传输可能是双向的，也可能是单向的。相对应地，网络也分为无向和有向网络。网络中相邻节点之间有一条链路（Link）。如果每条链路上只敷设一根可双向传输的（一对反向的、只能单向传输的）光纤，则称该网络为单纤（有向）网络，否则称为多纤（有向）网络。

　　要实现一个传输请求，必须为该请求建立连接，即在网络中选择一条从源节点到目的节点的路并分配一个波长，然后光信号便沿着该路传输而无需改变波长，从而避免了光—电—光转换所带来的消耗和延迟[10]，这样的网络称为全光网络。为了避免波长冲突，一根光纤上不允许多个传输请求同时使用同一波长。在多纤网络中，经过同一链路的多个传输请求如果由不同的光纤携载，则允许同时使用同一波长，而不会出现波长冲突。这样的网络应用了光交叉连接技术，能够将任一输入链路某根光纤上的信号输出到指定输出链路上另一根光纤上而无需改变波长[12]。

给定多纤 WDM 网络和一组传输请求，如果能在网络中为每个请求分配一条路和一个波长，使任一链路上任一波长的使用次数不超过该链路上的光纤数，则称该组传输请求可以在网络中实现。

随着 WDM 网络的应用和发展，出现了很多重要的组合优化问题[61, 62]。本章研究的利润极大化问题，就是其中之一。给定 WDM 网络和可供分配的数目有限的波长，以及一组传输请求，要确定利润最大的并且可以在网络中实现的那一部分传输请求。当所有传输请求的利润均为 1 时，称为最大基数问题。

单纤（有向）网络中的利润极大化问题已有相当多的研究成果。（有向）链网中的这一问题是多项式时间可解的[63]。对于最大基数问题，树网有 1.582-近似算法[64]，有向树网有 2.22-近似算法[65]，环形网有 1.5-近似算法[20]，有向环形网有 1.572-近似算法[20]。

对于多纤链网中的最大基数问题，文献[66]给出了多项式时间精确算法。文献[12]给出了多纤（有向）树网的最大基数问题的 2.542-近似算法。当各传输请求预先固定路由时，多纤环形网的最大基数问题有 1.582-近似算法[66]。

Li 等[67]考虑了一个相关的利润极大化问题。在文献[67]中，一组传输请求称为可实现的，如果能在网络中为其中每一个安排一条光路，使任一链路上任一波长至多使用一次，并且经过任一链路的传输请求的数目不超过该链路的容量。

本章研究多纤 WDM 网络中的利润极大化问题，允许各传输请求具有任意的利润。多纤网络可表示为边赋权图 $G=(V,E,c)$。边赋权函数（又称边容量函数）为 $c:E\to\mathbb{Z}^+$，代表各链路上的光纤数目。每根光纤都能支持 w 个波长，传输请求的集合 $S=\{(s_j,t_j):j=1,2,\cdots,m\}$。传输请求 j 用无序顶点对 (s_j,t_j) 表示，$s_j,t_j\in V$ 且 $s_j\neq t_j$。利润函数 $p:S\to\mathbb{R}^+$，代表各传输请求所具有的利润。多纤网络中的利润极大化问题，是要确定利润最大的并且可以在网络中实现的那一部分传输请求。

对于链网中的利润极大化问题，给出了多项式时间精确算法。环形网中的这一问题是 NP 难解的，因为单纤环形网中的最大基数问题已经是 NP 难解的[20]。给出了两个算法，近似比分别为 2 和 $1.582+\epsilon$，ϵ 是任意小的正数。对于环上各边光纤数目相同的均匀模式，给出了 1.582-近似算法。这些结果也适用于有向链网与环形网。注意在将多纤环形网中的 2-近似算法推广到有向多纤环形网时，要求某一链路上的两条有向边分别为顺时针和逆时针方向上容量最小的有向边。

7.2　多纤链网

多纤链网 $C=(V,E,c)$ 中，顶点集 $V=\{1,2,\cdots,n\}$，边集 $E=\{e_i=(i,i+1)\,|\,i=1,2,\cdots,n-1\}$。本节研究多纤链网中的利润极大化（MPMC，Maximizing Profits in Multifiber Chains）问题。由于链网中各传输请求的路由唯一，故不妨设 $s_j<t_j$，$1\leqslant j\leqslant m$。设 $H\subseteq S$，称 H 中经过边 e_i 的传输请求的数目为 H 在边 e_i 上的负载，记为

$L(H,e_i)$。令 $p_{\max} = \max\{p_j : 1 \leqslant j \leqslant m\}$。

定义 MPMC 问题的松弛形式 SMPMC 如下。在 SMPMC 问题中，一组传输请求称为可实现的，如果能在链网中为其中每一个安排一条路，使经过任一边 e_i 的路的数目不超过该边容量的 w 倍，即不超过 $w \cdot c(e_i)$。SMPMC 问题的目标是确定利润最大的并且可实现的那一部分传输请求。

设 OPT 和 $SOPT$ 分别表示 MPMC 问题和 SMPMC 问题的最优值。显然有：$OPT \leqslant SOPT$。

本节的基本思想是先求解 SMPMC 问题，得到它的最优解 $SOPT$，然后为 $SOPT$ 中的每一个传输请求指定一个波长，使任一边 e_i 上任一波长的使用次数不超过 $c(e_i)$。于是得到了 MPMC 问题的最优解 OPT，即有 $OPT = SOPT$。

首先应用文献[63,67]的技巧，将 SMPMC 问题转化为一个最小费用流问题，该问题描述如下。

给定有向网络 $D = (V, A; s, t; \mu, \pi)$，$s, t \in V$，边容量函数 $\mu : A \to R^+$，边费用函数 $\pi : A \to R$。确定一个流值为 k 的 $s-t$ 可行流 f，使费用 $cost(f) = \sum_{a \in A} \pi(a) \cdot f(a)$ 最小，$k \in R^+$。

引理 7.1[68]　如果有向网络 $D = (V, A; s, t; \mu, \pi)$ 是有 $O(n)$ 条边的无圈图，所有的边容量都是整数，那么可在 $O(kS(n))$ 时间之内找到流值为 k 的最小费用 $s-t$ 可行流，并且各边上的流量均为整数。$S(n)$ 是在 D 中寻找最短路所需的时间。

给定多纤链网 $C = (V, E, c)$ 和传输请求的集合 S，令 $k = \max\{L(S, e_i) : 1 \leqslant i \leqslant n-1\}$，$M > m \cdot p_{\max}$。构造无圈有向网络 $D = (V, A; s, t;$

$\mu,\pi)$ 如下：$V=\{1,2,,\cdots,n\}$，$s=1$，$t=n$。对于 $i=1,2,\cdots,n-1$，A 中有"团边" $e_i'=(i,i+1)$，$\mu(e_i')=k$，$\pi(e_i')=0$；对于 $j=1,2,\cdots,m$，A 中有"区间边" $e_j^*=(s_j,t_j)$，$\mu(e_j^*)=1$，$\pi(e_j^*)=-p_j$；对于 $i=1,2,\cdots,n-1$，A 中有"虚边" $e_i^{**}=(i,i+1)$，$\mu(e_i^{**})=\max\{k-w\cdot c(e_i),0\}$，$\pi(e_i^{**})=-M$（$A$ 中的边均为有向边）。

引理 7.2　设 $f_{\min}$ 是 D 中流值为 k 的最小费用 $s-t$ 整数可行流，则 $H=\{j\,|\,f_{\min}(e_j^*)=1,j=1,2,\cdots,m\}$ 是 SMPMC 问题的一个最优解。

证明：设 $SOPT$ 是 SMPMC 问题的一个最优解。根据 $SOPT$ 构造函数 $f:A\to Z^+$ 如下。

对于区间边 e_j^*（$j=1,2,\cdots,m$），若 $j\in SOPT$，则 $f(e_j^*)=1$，否则 $f(e_j^*)=0$；对于虚边 e_i^{**}（$i=1,2,\cdots,n-1$），令 $f(e_i^{**})=\max\{k-w\cdot c(e_i),0\}$；对于团边 e_i'（$i=1,2,\cdots,n-1$），令 $f(e_i')=k-\max\{k-w\cdot c(e_i),0\}-L(SOPT,e_i)$。

易见，f 是 D 中一个流值为 k 的 $s-t$ 整数可行流，其费用为 $cost(f)=-sopt-M\sum_{i=1}^{n-1}\max\{k-w\cdot c(e_i),0\}$。故有

$$sopt=-cost(f)-M\sum_{i=1}^{n-1}\max\{k-w\cdot c(e_i),0\}$$

$$\leqslant-cost(f_{\min})-M\sum_{i=1}^{n-1}\max\{k-w\cdot c(e_i),0\}$$

（7.1）

另一方面，定义 D 中流值为 k 的一个 $s-t$ 可行流 $\overline{f}$ 如下。对于虚边 e_i^{**}（$i=1,2,\cdots,n-1$），令 $\overline{f}(e_i^{**})=\max\{k-w\cdot c(e_i),0\}$；对于团边 e_i'（$i=1,2,\cdots,n-1$），令 $\overline{f}(e_i')=k-\max\{k-w\cdot c(e_i),0\}$；对于区

间边 e_j^*（ $j=1,2,\cdots,m$ ），令 $\overline{f}(e_j^*)=0$ 。由于 $M>m\cdot p_{\max}$ ，对于虚边 e_i^{**}（ $i=1,2,\cdots,n-1$ ），必有 $f_{\min}(e_i^{**})=\max\{k-w\cdot c(e_i),0\}$ ；否则有 $cost(f_{\min})>cost(\overline{f})$ ，这与 $f_{\min}$ 的最优性矛盾。故有：$cost(f_{\min})=-\sum\limits_{j\in H}p_j-M\sum\limits_{i=1}^{n-1}\max\{k-w\cdot c(e_i),0\}$ 。即

$$\sum_{j\in H}p_j=-cost(f_{\min})-M\sum_{i=1}^{n-1}\max\{k-w\cdot c(e_i),0\} \qquad (7.2)$$

注意到对于 $i=1,2,\cdots,n-1$ ，均有 $L(H,e_i)\leqslant w\cdot c(e_i)$ 。这说明 H 是 SMPMC 问题的一个可行解。结合式（7.1）和式（7.2），引理 7.2 得证。

文献[69]给出了一个在有 $O(n)$ 条边的图中寻找最短路的算法，其运行时间为 $O(n\mathrm{lb}n)$ 。注意到以上所构造的有向网络 D 有 $2n+m$ 条边，$k=\max\{L(S,e_i):1\leqslant i\leqslant n-1\}\leqslant m$ 。因此根据引理 7.1 和引理 7.2，SMPMC 问题的最优解 $SOPT$ 可在 $O(m(n+m)\mathrm{lb}(n+m))$ 时间之内找到。

然后应用文献[70]中的算法为 $SOPT$ 中的传输请求分配波长。考虑如下问题：给定 n 个节点的链网 $C=(V,E)$ ，m 个传输请求的集合 S ，w 个波长。要确定边容量（光纤数目）函数 $c:E\to Z^+$ ，以实现 S 中所有的传输请求，并使所用的光纤总数 $\sum\limits_{i=1}^{n-1}c(e_i)$ 最小。文献 [70] 对这一问题给出了一个精确算法，其运行时间为 $O((nw+m)\mathrm{lb}(nw+m))$ ，并保证边 e_i 上所用的光纤数目为 $\left\lceil\dfrac{L(S,e_i)}{w}\right\rceil$ ，$i=1,2,\cdots,n-1$ 。

算法 7.1　求解多纤链网中的利润极大化问题

（1）构造有向网络 $D=(V,A\,;s,t;\,\mu,\pi)$。

（2）调用文献[68]中的算法求出 D 中流值为 $k=\max\{L(S,e_i):1\leqslant i\leqslant n-1\}$ 的最小费用 $s-t$ 整数可行流 $f_{\min}$。

（3）得到 SMPMC 问题的最优解 $SOPT=\{j\,|\,f_{\min}(e_j^*)=1,\ j=1,2,\cdots,m\}$。

（4）调用文献[70]中的算法为 $SOPT$ 中的每一个传输请求分配一个波长。

（5）输出所得解。

定理 7.1　算法 7.1 可精确求解多纤链网中的利润极大化问题，其运行时间是 $\max\{O(m(n+m)\mathrm{lb}(n+m)),\ O((n\cdot w+m)\mathrm{lb}(n\cdot w+m))\}$。

证明：设算法 1 所得解为 SOL，其目标值为 sol。由 $\left\lceil\dfrac{L(SOL,e_i)}{w}\right\rceil\leqslant\left\lceil\dfrac{w\cdot c(e_i)}{w}\right\rceil=c(e_i)$，可知 SOL 为 MPMC 问题的一个可行解，$sol\leqslant opt$。另一方面，由于 $sol=sopt$，$opt\leqslant sopt$，故有 $sol=opt$。即 SOL 为 MPMC 问题的一个最优解。

7.3　多纤环形网

多纤环形网 $R=(V,E,c)$ 中，顶点集 $V=\{0,1,\cdots,n-1\}$，边集 $E=\{e_i=i(i+1)\,|\,i=0,1,\cdots,n-1\}$（取模 n 加法）。V 中顶点依从小到大的顺序顺时针排列。本节研究多纤环形网中的利润极大化问题。

算法 7.2　求解多纤环形网中的利润极大化问题 2-近似算法

（1）确定环上容量最小的边 a，其容量为 $c(a)$。

（2）去掉边 a，得到一个多纤链网。对于传输请求的集合 S，调用算法 7.1，得到解 $SOL1$。

（3）取 S 中利润最大的前 $w \cdot c(a)$ 个传输请求，路由均选经过边 a 的那一条，任意 $c(a)$ 个一组分配一个波长。所得解记为 $SOL2$。

（4）输出 $SOL1$ 和 $SOL2$ 中利润较大者。

定理 7.2　算法 7.2 是求解多纤环形网中利润极大化问题的 2-近似算法。

证明：显然 $SOL1$ 是一个可行解。由边 a 的选取可知 $SOL2$ 也是一个可行解。设最优解 OPT 中，路由经过边 a 的传输请求的集合为 OPT_a，记 $OPT_{\bar{a}} = OPT \setminus OPT_a$。则有 $\sum\limits_{j \in OPT_{\bar{a}}} p_j \leqslant \sum\limits_{j \in SOL1} p_j$，
$\sum\limits_{j \in OPT_a} p_j \leqslant \sum\limits_{j \in SOL2} p_j$。故有

$$\sum_{j \in OPT} p_j = \sum_{j \in OPT_{\bar{a}}} p_j + \sum_{j \in OPT_a} p_j \leqslant \sum_{j \in SOL1} p_j +$$

$$\sum_{j \in SOL2} p_j \leqslant 2\max\{\sum_{j \in SOL1} p_j, \sum_{j \in SOL2} p_j\}$$

7.4　均匀多纤环形网

本节考虑多纤环形网的均匀模式，设环上各边具有相同的容量 α。

若 $\alpha = 1$ 且 $w = 1$，则可用子程序 1 在多项式时间之内找到最优解 OPT。

子程序 1

任取环上一条边 a，猜出 OPT 中经过边 a 的传输请求的集合 OPT_a：由于 OPT 中经过边 a 的传输请求有 0 个或 1 个，故 OPT_a 有 $O(m)$ 种可能。去掉边 a，得到一个链网，其上任一边 e_i 的容量修正

为 $1-L(OPT_a,e_i)$ 。对于集合 $S \setminus OPT_a$ ，调用算法 7.1，得到 OPT 中不经过边 a 的传输请求的集合 $OPT_{\bar{a}}$ 。则有 $OPT = OPT_a \bigcup OPT_{\bar{a}}$ 。

当 α 和 w 为任意正整数时，应用文献[71]的技巧，可以得到一个 1。582-近似算法曾被多次引用，但都局限于讨论最大基数问题[12, 20, 64-66]。

算法 7.3　求解均匀多纤环形网中利润极大化问题 1.582-近似算法

置 $P := \phi$ 。

对 $i = 1,2,\cdots,\alpha$ ，执行：

　　对 $l = 1,2,\cdots,w$ ，执行：

　　　　调用子程序 1 得到集合 P_{il} （ P_{il} 中的传输请求已固定路由）， P_{il} 中的传输请求均分配第 l 个波长。置 $P := P \bigcup P_{il}$ ， $S := S \setminus P$ 。

　　　　结束。

　　结束。

输出 P （ P 中各传输请求已分配路由和波长）。

定理 7.3　算法 7.3 是求解均匀多纤环形网中利润极大化问题的 1.582-近似算法。

证明：显然 P 是一个可行解。

设问题的最优解为 OPT ，最优值为 opt 。设想均匀多纤环形网是分为 αw 层的。每一层相当于一个波长数为 1 的单纤环形网。

在算法 7.3 中，子程序 1 被调用 αw 次。设 $p(t)$ 表示第 t 次调用

子程序 1 所产生的利润。需证明

$$\sum_{t=1}^{h} p(t) \geq (1-(1-\frac{1}{\alpha w})^{h}) \cdot opt , \quad 1 \leq h \leq \alpha w \tag{7.3}$$

对 h 用归纳法。在第 h 次调用子程序 1 开始时，OPT 中尚未被实现的利润至少为 $opt -[p(1)+p(2)+\cdots+p(h-1)]$。由子程序 1 的最优性，得 $p(h) \geq \dfrac{opt -[p(1)+p(2)+\cdots+p(h-1)]}{\alpha w}$。

因此 $h=1$ 时，式（7.3）成立。令 $1 < h \leq \alpha \cdot w$。设 $1 \leq t \leq h-1$ 时，式（7.3）成立。则有

$$p(1)+p(2)+\cdots+p(h) \geq p(1)+p(2)+\cdots+p(h-1)+$$
$$\frac{opt -[p(1)+p(2)+\cdots+p(h-1)]}{\alpha w}$$

$$=[p(1)+p(2)+\cdots+p(h-1)](1-\frac{1}{\alpha w})+\frac{opt}{\alpha w}$$

$$\geq (1-(1-\frac{1}{\alpha w})^{h-1}) \cdot opt \cdot (1-\frac{1}{\alpha w})+\frac{opt}{\alpha w}$$

$$=(1-(1-\frac{1}{\alpha w})^{h}) \cdot opt$$

由归纳假设，$1 \leq h \leq \alpha w$ 时，式（7.3）成立。

式（7.3）中取 $h=\alpha w$，则有 $\sum_{t=1}^{\alpha w} p(t) \geq (1-(1-\frac{1}{\alpha w})^{\alpha w}) \cdot opt \geq$

$(1-\frac{1}{e}) \cdot opt > \frac{1}{1.582} \cdot opt$。

7.5 结语

本章研究了多纤 WDM 链网与环形网中的利润极大化问题，并

给出了精确或近似算法。注意到呼叫接纳控制问题是这一问题只有一个波长时的特例。因此，重复应用第 6 章所给出的多项式时间近似方案 w 次之后，就得到了多纤 WDM 环形网中的利润极大化问题的 $(1.582 + \epsilon)$ -近似算法，ϵ 是任意小的正数。一个值得研究的问题是寻找这一问题的近似比小于 1.582 的算法。

第 8 章

圈上 t-区间的 k-染色

8.1 引言

圈上 t-区间的 k-染色问题（KCTIC，k-coloring of t-intervals in a Cycle）推广了 WDM 环形网中几个熟知的优化问题[19, 20, 64]。圈代表环形网，颜色代表波长，t-区间代表客户请求。一个 t-区间，由圈上至多（$t \geqslant 1$）个区间构成，每个区间的两个端点都是圈上的顶点。要实现一个客户请求，需选择它所对应的 t-区间中的一个区间并为其安排一种颜色。任意两个请求在实现时，所选定的两个区间如果在圈上有公共边，则不能得到同一种颜色，否则会引起波长冲突。给定一个圈、k 种颜色和若干个请求（t-区间），KCTIC 问题的目标是实现最大数目的请求。

当 $t=1$ 时，每个请求对应一个区间，此时 KCTIC 问题就成为 WDM 环形网中的路染色问题。这一问题是 NP-难解的[20]。因此，KCTIC 问题也是 NP-难解的。文献[19]给出了 WDM 环形网中的路染色问题的 1.5-近似算法。WDM 环形网中的路由与路染色问题是 $t=2$ 时的一个特例。此时每个请求对应两个区间，这两个区间是边不交的并且覆盖了圈上所有的边。文献[20]和文献[64]对这一问题分别给出了近似算法，近似比分别为 1.5 和 1.582。

在 WDM 组播环形网中，每个请求对应多个节点。要实现一个请求，需选择连接该请求所有节点的一条路并为其安排一种颜色[72]。当一个请求对应 3 个或更多个节点时，连接该请求所有节点的路一定是互相重叠的（有公共边）。可见，WDM 组播环形网中的路由与路染色问题也是 KCTIC 问题的一个特例。Li 等[18]考虑了这一问题的一般情形并给出了 2-近似算法：限定环上每条边所支持的颜色数，每种颜色在任一边上至多使用一次，每个请求联系一个利润，目标是实现最大利润的请求。当所有请求利润为 1 时，此问题有 1.5-近似算法[18]。

据笔者所知，KCTIC 问题尚未有人研究。本章给出了这一问题的一个 3.042-近似算法。算法的基本思想来源于文献[19, 20]，求解链上 t-区间的 k-染色问题，得到一个近似解；求解兼容图中的最大匹配，据此得到另一个近似解；取两个近似解中的基数较大者。

8.2　预备知识

链上 t-区间的 k-染色问题：给定 k 种颜色，若干个请求的集合 R，每个请求对应链上的一个 t-区间。要实现一个请求，需选择它所对应的 t-区间中的一个区间并为其安排一种颜色。任意两个请求在实现时，所选定的两个区间如果有公共边，则不能得到同一种颜色。目标为实现最大数目的请求。

文献[73]研究了链上 t-区间的 1-染色问题，并给出一个 2-近似算法 GREEDY：优先选择右端点最小的区间，为任一 t-区间至多选择一个区间，所有被选区间无公共边。

算法 8.1 2.542-近似算法

（1）置 $S := \varphi$。

（2）对 $i = 1, 2, \cdots, k$，执行：

调用 GREEDY 得到集合 S_i。若 $S_i = \varphi$，转第（3）步。否则为 S_i 中的请求分配第 i 种颜色。置 $S := S \cup S_i$，$R := R \setminus S$。

（3）输出 S。

定理 8.1 算法 8.1 是求解链上 t-区间的 k-染色问题的 2.542-近似算法，其运行时间为 $O(k \cdot m \cdot t \cdot \mathrm{lb}(m \cdot t))$，$m$ 表示请求的数目。

证明：直接应用文献[12, 65]中的证明技巧，可知算法 8.1 的近似比为 $\dfrac{1}{1 - e^{-\frac{1}{2}}} < 2.542$。

算法 8.1 至多 k 次调用 GREEDY，而 GREEDY 的运行时间为 $O(m \cdot t \cdot \mathrm{lb}(m \cdot t))$，故算法 8.1 的运行时间为 $O(k \cdot m \cdot t \cdot \mathrm{lb}(m \cdot t))$。

8.3　一个 3.042-近似算法

本节先给出圈上 t-区间的 k-染色问题的一个近似算法，然后证明该算法的近似比为 3.042。

如果对应不同请求（t-区间）的某两个区间在圈上无公共边，则称这两个请求是兼容的，否则是不兼容的。

算法 8.2 3.042-近似算法

（1）去掉圈上一条边 a，得到一个链。修正请求的集合 R，去

掉任一 t-区间中经过边 a 的区间。得到 R'，R' 中任一请求不含经过边 a 的区间。对 R' 调用算法 8.1。若 k 种颜色没有用完，则用剩余的颜色实现 $R \setminus R'$ 中的部分请求，一种颜色实现一个请求，每个请求选择经过边 a 的一个区间。得到解 $SOL1$。

（2）对原请求的集合 R，构造兼容图 $H = (R, E)$ 如下：H 的顶点集就是请求的集合 R，R 中任意两个兼容的请求之间连一条边。调用文献[74]中的算法，求出 H 中的最大匹配 M。根据 M 得到解 $SOL2$，取 M 中的一条边，为该边所对应的两个请求各选一个区间（所选区间无公共边），分配一种颜色给这两个区间。重复这一过程直到用完 M 中所有的边或用完所有的颜色。

（3）输出 $SOL1$ 和 $SOL2$ 中基数较大者。

设 OPT 表示最优解，OPT 中所选区间经过边 a 的请求构成集合 OPT_a，所选区间不经过边 a 的请求构成集合 $OPT_{\bar{a}}$。设 SOL 表示算法 8.2 所得到的解。

引理 8.1　$|OPT| \leqslant 2.542|SOL1| + k$

证明：$|OPT| = |OPT_{\bar{a}}| + |OPT_a| \leqslant 2.542|SOL1| + k$

引理 8.2　$|SOL2| \geqslant 2\min\{k, |M|\}$。

证明：若算法 8.2 第（2）步终止时用完所有的颜色，则有 $|SOL2| \geqslant 2k$；若第（2）步终止时用完 M 中所有的边，则有 $|SOL2| \geqslant 2|M|$。

引理 8.3　$|OPT| \leqslant 2.542|SOL1| + |M|$。

证明：不妨设 $SOL1$ 用完 k 种颜色（否则 $SOL1$ 是最优解）。考虑最优解 OPT。设 OPT_a 中所用颜色在 $OPT_{\bar{a}}$ 中出现过的请求的集合为

OPT_{a1}。显然有：$|OPT_{a1}| \leqslant |M|$，记 $OPT_{a2} = OPT_a \setminus OPT_{a1}$。不妨设 OPT_{a2} 中任一请求所联系的区间均经过边 a（否则该请求可选不经过边 a 的那个区间并染同种颜色）。

设 $OPT_{\bar{a}}$ 所用的颜色数为 l。则 $|OPT_{a2}| \leqslant k - l$。在算法 8.2 第（1）步中，前 l 种颜色（第 l 次调用 GREEDY 结束时）所实现的请求数至少为 $\dfrac{1}{2.542}|OPT_{\bar{a}}| = \dfrac{1}{2.542}(|OPT| - |OPT_a|)$，其余 $k - l$ 种颜色中，每一种颜色至少实现一个请求。因此有

$$
\begin{aligned}
|SOL1| &\geqslant \frac{1}{2.542}(|OPT| - |OPT_a|) + (k - l) \\
&\geqslant \frac{1}{2.542}(|OPT| - |M| - |OPT_{a2}|) + |OPT_{a2}| \\
&\geqslant \frac{1}{2.542}(|OPT| - |M|)
\end{aligned}
$$

即 $|OPT| \leqslant 2.542|SOL1| + |M|$。

定理 8.2　算法 8.2 是求解圈上 t-区间的 k-染色问题的 3.042-近似算法，其运行时间为 $O(k \cdot m \cdot t \cdot \mathrm{lb}(m \cdot t) + m^{2.5})$，$m$ 表示请求的数目。

证明： 结合引理 8.1～引理 8.3 得

$$
\begin{aligned}
|OPT| &\leqslant 2.542|SOL1| + \min\{k, |M|\} \\
&\leqslant 2.542|SOL1| + \frac{1}{2} \cdot |SOL2| \\
&\leqslant 3.042|SOL|
\end{aligned}
$$

故有 $|SOL| \geqslant \dfrac{1}{3.042}|OPT|$，即算法 8.2 的近似比为 3.042。

第（1）步的运行时间为 $O(k \cdot m \cdot t \cdot \log(m \cdot t))$，第 2 步的运行时间

为 $O(m^{2.5})$ [74]，因此算法 8.2 的运行时间为 $O(k \cdot m \cdot t \cdot \log(m \cdot t) + m^{2.5})$。

8.4　结语

本章研究了 t-区间的 k-染色问题，给出了链上和圈上这一问题的近似算法，近似比分别为 2.542 和 3.042。可继续寻找更好近似比的算法。另外，一般图上的这一问题也非常值得研究。

符号说明

$O(f(n))$	存在常数 $c>0$ ，使 $O(f(n)) \leqslant cf(n)$
$\|S\|$	集合 S 的基数
$\lfloor x \rfloor$	不大于 x 的最大整数
$\lceil x \rceil$	不小于 x 的最小整数
p_j	工件 j 的加工时间
r_j	工件 j 的释放时间
w_j	工件 j 的权重
q_j	工件 j 的送货时间
d_j	工件 j 的交货期
C_j	工件 j 的完工时间
$\sum w_j C_j$	加权完工时间和
$C_{\max}$	最大完工时间
$L_{\max}$	最大延迟
$G=(V,E)$	图 G ，顶点集是 V ，边集是 E
$e=(u,v)$	边 e ，两端点分别是 u 和 v

参考文献

[1] DROZDOWSKI M. Classic scheduling theory[M]// Scheduling for parallel processing. Berlin: Springer, 2009, 55-86.

[2] POTTS C N, KOVALYOV M Y. Scheduling with batching: a review[J]. European Journal of Operational Research, 2000, 120: 228-249.

[3] MATHIRAJAN M, SIVAKUMAR M. A literature review, classification and simple meta-analysis on scheduling of batch processors in semiconductor[J]. The International Journal of Advanced Manufacturing Technology, 2006, 29: 990-1001.

[4] MÖNCH L, FOWLER J W, DAUZÈRE-PÉRÈS S, et al. A survey of problems, solution techniques, and future challenges in scheduling semiconductor manufacturing operations[J]. Journal of Scheduling, 2011, 14: 583-599.

[5] WEBSTER S, BAKER K R. Scheduling groups of jobs on a single machine[J]. Operations Research, 1995, 43(4): 692-703.

[6] BRUCKER P, GLADKY A, HOOGEVEEN H, et al. Scheduling a batching machine[J]. Journal of Scheduling, 1998, 1(1): 31-54.

[7] ALBERS S, BRUCKER P. The complexity of one-machine batching problems[J]. Discrete Applied Mathematics, 1993, 47(2): 87-107.

[8]　AHMADI J H, AHMADI R H, DASU S, et al. Batching and scheduling jobs on batch and discrete processors[J]. Operations Research, 1992, 40(4): 750-763.

[9]　LAWLER E L, LENSTRA J K, RINNOOY K A H G, et al. Sequencing and scheduling: algorithms and complexity[J]. Handbooks in Operations Research and Management Science, 1993(4): 445-522.

[10] GREEN P E. Fiber optic networks[C]//Englewood Cliffs, NJ: Prentice-Hall. 1993.

[11] MUKHERJEE B. Optical Communication Networks[M]. New York: McGraw-Hill, 1997.

[12] ERLEBACH T, PAGOURTZIS A, POTIKA K, et al. Resource allocation problems in multifiber WDM tree networks[C]//Lecture Notes in Computer Science.2003:218-229.

[13] ANAND V, KATARKI T, QIAO C. Profitable connection assignment in all optical WDM networks[C]//IEEE ACM Workshop on Optical Networks, Dallas. 2000.

[14] ANAND V, KATARKI T, QIAO C. Profitable connection assignment for incremental traffic in all-optical WDM networks[C]//The Academia Industry Working Conference on Research Challenges. 2000, 355-360.

[15] ADAMY U, AMBUEHL C, ANAND R S, et al. Call control in rings[C]//The 29th International Colloquium on Automata, Languages and Programming. 2002, 788-799.

[16] ANAND R S, ERLEBACH T, HALL A, et al. Routing and call control algorithms for ring networks[C]//The 8th International Workshop on

Algorithms and Data Structures.2003:186-197.

[17] KAKLAMANIS C, MIHAIL M, RAO S. Efficient access to optical bandwidth[C]//The 36th Annual ACM Symposium on Foundations of Computer Science. 1995, 548-557.

[18] LI J P, LI K, LAW K C K, et al. On packing and coloring hyperedges in a cycle[C]//The 11th International Computing and Combinatorics Conference. 2005, 220-229.

[19] NOMIKOS C, PAGOURTZIS A, ZACHOS S. Satisfying a maximum number of pre-routed requests in all-optical rings[J]Computer Networks, 2003, 42(1): 55-63.

[20] NOMIKOS C, PAGOURTZIS A, ZACHOS S. Minimizing request blocking in all-optical rings[C]// The 22nd Annual Joint Conference of the IEEE Computer and Communications Societies. 2003.

[21] RAGHAVAN P, UPFAL E. Efficient routing in all-optical networks[C]//The 26th Annual ACM Symposium on the Theory of Computing.1994:134-143.

[22] SCHRIJVER A, SEYMOUR P, WINKLER P. The ring loading problem[J]. SIAM Journal on Discrete Mathematics, 1998, 11(1): 1-14.

[23] WILFONG G, WINKLER P. Ring routing and wavelength translation[C]// The 9th Annual ACM-SIAM Symposium on Discrete Algorithms. 1998, 333-341.

[24] GAREY M R, JOHNSON D S. Computers and intractability, a guide to the theory of np-completeness[M]. San Francisco: Freeman, 1979.

[25] PAPADIMITRIOU C H. Computational complexity[C]//Addison-Wesley. 1994.

[26] PAPADIMITRIOU C H, STEIGLITZ K. Combinatorial optimization: algorithms

and complexity[M]. New Jersey: Prentice-Hall, 1982.

[27] GRAHAM R L, LAWLER E L, LENSTRA J K, et al. Optimization and approximation in deterministic sequencing and scheduling[J]. Annals of Discrete Mathematics, 1979(5): 287-326.

[28] LENSTRA J K, RINNOOY K A H G, BRUCKER P. Complexity of machine scheduling problems[J]. Annals of Discrete Mathematics, 1977, 1: 343-362.

[29] AFRATI F, BAMPIS E, CHEKURI C, et al. Approximation schemes for minimizing average weighted completion time with release dates[C]//The 40th Annual IEEE Symposium on Foundations of Computer Science. 1999:32-43.

[30] CHEKURI C, KHANNA S. Approximation algorithms for minimizing average weighted completion time[M]//Handbook of Scheduling: Algorithms, Models, and Performance Analysis. Boca Raton: CRC Press,2004.

[31] CHANDRU V, LEE C Y, R. Uzsoy. minimizing total completion time on batch processing machines[J]. International Journal of Production Research, 1993, 31(9): 2097-2121.

[32] HOCHBAUM D, LANDY D. Scheduling semiconductor burn-in operations to minimize total flowtime[J]. Operations Research, 1997, 45(6): 874-885.

[33] CAI M,DENG X, FENG H, et al. A PTAS for minimizing total completion time of bounded batch scheduling[C]// The 9th International Integer Programming and Combinatorial Optimization. 2002:304-314.

[34] POON C K, YU W, On minimizing total completion time in batch machine scheduling[J]. International Journal of Foundations of Computer Science, 2004, 15(4): 593-607.

[35] DENG X, FENG H, LI G J, et al. A PTAS for semiconductor burn-in scheduling[J]. Journal of Combinatorial Optimization, 2005, 9(1): 5-17.

[36] CHEN B, DENG X, ZANG W. On-line scheduling a batch processing system to minimize total weighted job completion time[J]. Journal of Combinatorial Optimization, 2004, 8(1): 85-95.

[37] HALL L A, SHMOYS D B. Approximation schemes for constrained scheduling problems[C]//The 30th Annual Symposium on Foundations of Computer Science. 1989:134-139.

[38] SMITH W E. Various optimizers for single-stage production[J]. Naval Research Logistics Quarterly, 1956(3): 59-66.

[39] LEE C Y, UZSOY R, MARTIN V L A. Efficient algorithms for scheduling semiconductor burn-in operations[J]. Operations Research, 1992, 40(4): 764-775.

[40] LAWLER E L. Combinatorial optimization: networks and matroids[M].New York: Holt, Rinehart and Winston, 1976.

[41] DENG X, ZHANG Y. Minimizing mean response time in batch processing system[C]//The 5th Annual International Conference on Computing and Combinatorics. 1999, 231-240.

[42] DENG X, FENG H, ZHANG P, et al. A polynomial time approximation scheme for minimizing total completion time of unbounded batch scheduling[C]//The International Symposium on Symbolic and Algebraic Computation.2001:26-35.

[43] LI S G, LI G J, ZHAO H. A linear time approximation scheme for minimizing total weighted completion time of unbounded batch scheduling[J]. Or

Transactions, 2004, 8(4): 27-32.

[44] HALL L A, SHMOYS D B. Jackson's rule for single-machine scheduling: making a good heuristic better[J]. Mathematics of Operations Research, 1992, 17: 22-35.

[45] IKURA Y, GIMPLE M. Scheduling algorithms for a single batch processing machine[J]. Operations Research Letters, 1986, 5: 61-65.

[46] LI C L, LEE C Y. Scheduling with agreeable release times and due dates on a batch processing machine[J]. European Journal of Operational Research ,1997, 96: 564-569.

[47] WANG C S, UZSOY R. A genetic algorithm to minimize maximum lateness on a batch processing machine[J]. Computers and Operations Research, 2002, 29: 1621-1640.

[48] GRAHAM R L. Bounds for certain multiprocessor anomalies[J]. Bell System Technical Journal, 1966, 45: 1563-1581.

[49] JACKSON J R. Scheduling a production line to minimize maximum tardiness[J]. Research Report 43, Management Science Research Project, 1955.

[50] BONDY J A ,MURTY U S R. Graph Theory with Applications[M]. Macmillan Press, 1976.

[51] CHENG T C E, LIU Z, YU W. Scheduling jobs with release dates and deadlines on a batch processing machine[J]. IIE Transactions, 2001, 33: 685-690.

[52] COFFMAN E G, GAREY M R, JOHNSON D S. Approximation algorithms for bin packing: a survey approximation algorithms for NP-hardProblems[M].

Boston: PWS, 1996: 46-93.

[53] LENSTRA J K,SHMOYS D B. Computing near-optimal schedules, scheduling theory and its application[M]. New York: Wiley, 1995.

[54] LEE C Y, UZSOY R. Minimizing makespan on a single batch processing machine with dynamic job arrivals[R]. Technical Report, Department of Industrial and System Engineering, University of Florida, January 1996.

[55] DENG X, POON C K, ZHANG Y. Approximation algorithms in batch processing[C]//The Eighth Annual International Symposium on Algorithms and Computation. 1999: 153-162.

[56] UZSOY R. A single batch processing machine with non-identical job sizes[J]. International Journal of Production Research, 1994, 32: 1615-1635.

[57] ZHANG G, CAI X, LEE C Y, et al. Minimizing makespan on a single batch processing machine with non-identical job sizes[J]. Naval Research Logistics, 2001, 48: 226-240.

[58] GARG N, VAZIRANI V, YANNAKAKIS M. Primal-dual approximation algorithms for integral flow and multicut in trees[J]. Algorithmica, 1997, 18(1): 3-20.

[59] SCHRIJVER A. Combinatorial optimization: polyhedra and efficiency[M]. Berlin: Springer, 2003.

[60] KHACHIYAN L G. A polynomial algorithm in linear programming[J]. Doklady Akedamii Nauk SSSR, 1979, 244: 1093-1096.

[61] BEAUQUIER B, BERMOND J C, GARGANO L, et al. Graph problems arising from wavelength-routing in all-optical networks[C]//The 2nd Workshop

on Optics and Computer Science. 1997.

[62] GARGANO L, VACCARO U. Routing in all-optical networks: algorithmic and graph-theoretic problems[M]. Amsterdam: Kluwer Academic Publishers, 2000: 555-578.

[63] CARLISLE M C, LLOYD E L. On the k-coloring of intervals[J]. Discrete Applied Mathematics, 1995, 59: 225-235.

[64] WAN P J, LIU L. Maximal throughput in wavelength-routed optical networks[J]. DIMACS Series in Discrete Mathematics and Theoretical Computer Science, 1998, 46: 15-26.

[65] ERLEBACH T, JANSEN K. Maximizing the number of connections in optical tree networks[C]//The 9th Annual International Symposium on Algorithms and Computation.1998: 179-188.

[66] POTIKA K. Maximizing the number of connections in multifiber WDM chain, ring and star networks[C]//The Networking. 2005, 1465-1470.

[67] LI J P, LI K, WANG L S, et al. Maximizing profits of routing in WDM networks[J]. Journal of Combinatorial Optimization, 2005, 10: 99-111.

[68] TARJAN R E. Data structures and network algorithms[M]. Philadelphia: SIAM, 1983.

[69] FREDMAN M L, TARJAN R E. Fibonacci heaps and their uses in improved network optimization algorithms[J]. Journal of the ACM, 1987, 34(3): 596-615.

[70] NOMIKOS C, PAGOURTZIS A, ZACHOS S. Routing and path multicoloring[J]. Information Processing Letters, 2001, 80: 249-256.

[71] AWERBUCH B, AZAR Y, FIAT A, et al. On-line competitive algorithms for

call admission in optical networks[C]//The 4th Annual European Symposium on Algorithms. 1996: 431-444.

[72] HUITEMA C. Routing in the Internet[M]. Englewood Cliffs, New Jersey: Prentice-Hall, 2000.

[73] SPIEKSMA F C R. On the approximability of an interval scheduling problem[J]. Journal of Scheduling, 1999, 2: 215-227.

[74] MICALI S, VAZIRANI V. An $O(\sqrt{V}E)$ algorithm for maximum matching in general graphs[C]//The 21st Annual IEEE Symposium on Foundations of Computer Science. 1980: 17-27.